绿色食品标准解读系列
Lvse shipin biaozhun jiedu xilie

绿色食品
兽药实用技术手册

中国绿色食品发展中心　组编

曲志娜　陈　倩　主编

中国农业出版社

图书在版编目（CIP）数据

绿色食品兽药实用技术手册 / 曲志娜，陈倩主编；
中国绿色食品发展中心组编 .—北京：中国农业出版社，
2015.12
（绿色食品标准解读系列）
ISBN 978-7-109-21358-6

Ⅰ.①绿… Ⅱ.①曲… ②陈… ③中… Ⅲ.①绿色食
品－畜禽－兽用药－技术手册 Ⅳ.①S859.79-62

中国版本图书馆 CIP 数据核字（2015）第 310148 号

中国农业出版社出版
（北京市朝阳区麦子店街 18 号楼）
（邮政编码 100125）
责任编辑 刘 伟 李文宾

中国农业出版社印刷厂印刷 新华书店北京发行所发行
2016 年 3 月第 1 版 2016 年 3 月北京第 1 次印刷

开本：700mm×1000mm 1/16 印张：8
字数：160 千字
定价：26.00 元
（凡本版图书出现印刷、装订错误，请向出版社发行部调换）

丛书编委会名单

主　　任：王运浩

副 主 任：刘　平　　韩沛新　　陈兆云

委　　员：张志华　　梁志超　　李显军　　余汉新

　　　　　何　庆　　马乃柱　　刘艳辉　　王华飞

　　　　　白永群　　穆建华　　陈　倩

总 策 划：刘　伟　李文宾

本书编写人员名单

主　　编：曲志娜　　陈　倩

副 主 编：赵思俊　　刘焕奇　　王永玲

编写人员（按姓名笔画排序）：

　　　　　王　娟　　王玉东　　李雪莲　　肖继友

　　　　　张启迪　　黄秀梅　　曹旭敏　　梁　晓

序

"绿色食品"是我国政府推出的代表安全优质农产品的公共品牌。20多年来，在中共中央、国务院的关心和支持下，在各级农业部门的共同推动下，绿色食品事业发展取得了显著成效，构建了一套"从农田到餐桌"全程质量控制的生产管理模式，建立了一套以"安全、优质、环保、可持续发展"为核心的先进标准体系，创立了一个蓬勃发展的新兴朝阳产业。绿色食品标准为促进农业生产方式转变，推进农业标准化生产，提高农产品质量安全水平，促进农业增效、农民增收发挥了积极作用。

当前，食品质量安全受到了社会的广泛关注。生产安全、优质的农产品，确保老百姓舌尖上的安全，是我国现代农业建设的重要内容，也是全面建成小康社会的必然要求。绿色食品以其先进的标准优势、安全可靠的质量优势和公众信赖的品牌优势，在安全、优质农产品及食品生产中发挥了重要的引领示范作用。随着我国食品消费结构加快转型升级和生态文明建设战略的整体推进，迫切需要绿色食品承担新任务、发挥新作用。

标准是绿色食品事业发展的基础，技术是绿色食品生产的重要保障。由中国绿色食品发展中心和中国农业出版社联合推出的这套《绿色食品标准解读系列》丛书，以产地环境质量、肥料使用准则、农药使用准则、兽药使用准则、渔药使用准则、食品添加剂使用准则以及其他绿色食品标准为基础，对绿色食品产地环境的选择和建设，农药、肥料和食品添加剂的合理选用，兽药和渔药的科学使用等核心技术进行详细解读，同时辅以相关基础知识和实际操作技术，必将对宣贯绿色食品标准、指导绿色食品生产、提高我国农产品的质量安全水平发挥积极的推动作用。

农业部农产品质量安全监管局局长

2015 年 10 月

前言

绿色食品作为我国农产品的精品品牌，按照"从农田到餐桌"的管理模式生产，得到了广大人民群众的认可。它不仅能为人类生存和发展提供必要的营养成分，保护和改善农业生态环境；还能在整个世界环境污染问题愈来愈严重的情况下，保证农产品质量安全，增进城乡人民身体健康，推动国民经济和社会可持续发展。

近几年，绿色食品事业在我国得到了迅猛的发展，畜禽类绿色食品也不例外。随着当前经济社会的快速发展，动物蛋白在食物结构中的地位愈加重要。动物源性食品几乎包含了人体生长、发育和健康所需的各种主要营养物质，动物源性食品安全关乎人类健康、安全。但由于畜牧生产中，养殖环节复杂，涉及环境、饲料使用、兽药使用以及防疫等多个环节。因此，畜禽类绿色食品质量安全影响因素较多，尤其是兽药使用对其安全具有直接的影响。兽药使用虽然能降低动物死亡率，缩短动物饲养周期，在促进畜牧生产和畜产品数量增长方面能发挥一定作用，但同时也给畜禽产品安全带来了隐患。由于不当或非法使用药物，过量的药物残留在动物体内。当人们食用了残留超标的动物食品后，过量药物会在人体内蓄积，造成过敏、畸形、癌变等不良后果，直接危害人体的健康及生命。但在畜禽类绿色食品的生产过程中，不排除兽药的添加使用。因此，规范、科学、合理地使用兽药，也是生产畜禽类绿色食品的关键。

　　使用药物治疗动物疾病的目的是使机体的病理学过程恢复为正常健康状态；或抑制、杀灭病原体，从而保护机体的正常功能。为达此目的，兽药使用者必须对动物、疾病、药物三者具有全面系统的知识。动物的种属、年龄、性别，疾病的类型和病理学过程，药物的剂型、剂量和给药途径等因素均能影响药物的药动学和药效学结果。科学、合理地使用兽药要求最大限度地发挥药物对疾病的预防、治疗或诊断等有益作用，同时使药物的有害作用降到最低程度。

　　本书紧紧围绕兽药合理使用这一主题，对兽药使用的常见术语和定义、兽药管理、兽药标准、兽药作用、使用方法（如给药途径等）以及兽药保存等基础知识进行了简单概述，并综合分析了兽药使用过程（选购、准备、使用）的关键风险点。在此基础上，又对《绿色食品　兽药使用准则》（NY/T 472—2013）进行了解读，以期为畜禽类绿色食品生产者在临床生产实际中合理使用兽药提供参考。

　　由于时间仓促，不足之处在所难免，恳请读者指正。

编　者

2015 年 10 月

目　录

第 **1** 章
兽 药 概 述

　　随着畜牧业生产的不断发展，兽药在预防、治疗和诊断畜禽疾病方面发挥了不可替代的作用，畜禽类绿色食品的生产也不例外。但是在临床实践中，有些养殖户由于缺乏兽药的相关专业知识，不能正确理解相关含义，无法做到合理用药。本章从兽药常见术语和定义、兽药标准、兽药作用、使用方法（如给药途径等）、兽药保存以及国内外兽药管理概况等方面进行了简单的描述，目的是使相关人员对兽药基础知识有一个概括性的了解，以期为兽药的科学、规范使用奠定基础。

1.1　兽药的产生和发展

　　药物是劳动人民在长期的生产实践中发现、发明和创造出来的。药物经历了由天然的植物药、动物药、矿物药到化学合成药、生物药物的发展历程。其中，我国的本草学发展最早，文献极为丰富，对世界药物学的发展曾做出重要的贡献。《神农本草经》是我国最早的一本本草书，此书收集 365 种药物。明朝李时珍编著的《本草纲目》历时 30 年，共收载药物 1 892 种，图 1 160 幅，药方 11 000 余条。此书不仅内容丰富、收罗广泛，并且全书贯穿实事求是的精神，改进分类方法，批判迷信谬说，在当时的历史条件下有相当高的科学性。古代无兽医专用的本草书，但历代的本草书中都包含兽用本草的内容。明朝喻本元和喻本亨的《元亨疗马集》是我国最早的兽医著作，共收载药物 400 多种、药方 400 余条。

　　随着现代医药的不断发展，药理学的历史不断前行。在这过程中，人们逐渐认识到待定的自然物质能够用于治愈特定的疾病。与人类一样，动物也会生病。而抗生素和其他化学药物的出现，使人们能够成功地治疗和缓解人和动物的许多疾病。在许多国家，50% 以上的奶牛有亚临床的乳腺炎，从而使抗生素的使用十分广泛。例如，20 世纪 30 年代的合成磺胺类药物和 40 年代合成的青霉素类药物，广泛用于奶牛疾病的治疗。兽医药理学的发展基本上与人类药理学的发展相平行，较为正式的兽医药理学理论发源于 1760 年左右的法国、奥地利、德国和荷兰。当时，为了应对牛瘟等动物流行病对家畜养殖业的损失，大量的兽医学校以及兽医院开始出现，药理学理论也得以发展。英国皇家兽医外科学院于 1791 年在伦敦成立。美国的第一所兽医学院出现于 1852 年的费城。

　　我国的兽医药理学是新中国成立后建立的。20 世纪 50 年代初，我国大学院校调整成立独立的农业院校，大多数院校设立了兽医专业，开始开设兽医药理学课程。1959 年，正式出版了全国试用教材《兽医药理学》。我国兽医药理学得到较好的发展是在改革开放后，科学研究蓬勃发展，取得了许多重要的研究成果。新兽药研制开发取得了突出成就，博士研究生、硕士研究生等高学历人才大量培养成长，为保障我国畜牧业健康发展和公共卫生安全发挥了重要的作用。

1.2　兽药基础知识

1.2.1　兽药的定义

　　兽药是指用于预防、治疗、诊断动物疾病，或者有目的地调节动物生理机能的物质。兽药包括化学药品、抗生素、中药材、中成药、生化药品、血清制品、疫苗、诊断制品、微生态制剂、放射性药品、外用杀虫剂和消毒剂等。

1.2.2　兽药的种类

　　兽药的种类繁多，对动物性食品安全方面比较重要的药物，按照用途主要分为以下几类：抗微生物药物、驱虫类药物、抗球虫和抗原虫药物、抗生素类生长促进剂、合成代谢激素类生长促进剂及其他药物。

1.2.2.1　抗微生物药

　　抗微生物药指对细菌、真菌、支原体、立克次氏体、衣原体、螺旋体和病毒等病原微生物具有抑制或杀灭作用的一类化学物质，包括抗生素、合成抗菌药物、抗真菌药和抗病毒药。

　　最早发现的抗微生物药物为磺胺药，自 1935 年首次报道第一个合成的磺胺药物——百浪多息至今已有 80 年的历史。抗生素的临床应用，自 20 世纪 40 年代青霉素问世以来得到了快速的发展。相继有链霉素（1944）、氯霉素（1947）、多黏菌素（1947）、金霉素（1948）、新霉素

（1949）、四环素（1953）、卡那霉素（1957）、灰黄霉素（1958）、林可霉素（1962）、庆大霉素（1963）等一系列药物被发现并广泛用于临床。随后，通过对氨基糖苷类、大环内酯类、四环素类等药物的结构进行改造，也合成了一系列的新品种。

（1）抗生素

由某些微生物（细菌、真菌、放线菌等）产生的化学物质，能抑制微生物和其他细胞增殖的物质称为抗生素。

根据抗生素的化学结构，可将其分为：

β-内酰胺类：又可分为青霉素类、头孢菌素类等，如青霉素、氨苄西林、阿莫西林、海他西林、头孢噻呋和头孢喹肟等。

氨基糖苷类，如链霉素、庆大霉素、卡那霉素、新霉素、大观霉素和安普霉素等。

大环内酯类：如红霉素、泰乐菌素、吉他霉素、替米考星和泰拉霉素等。

四环素类：如四环素、土霉素、金霉素、甲烯土霉素和多西环素等。

酰胺醇类：如氯霉素、甲砜霉素和氟苯尼考等。

林可胺类：如林可霉素、克林霉素等。

多肽类：如杆菌肽和黏菌素、那西肽和恩拉霉素等。

多烯类：如两性霉素 B 和制霉菌素等。

截短侧耳素类：如泰妙菌素和沃尼妙林等。

其他：如赛他卡霉素等。

（2）合成抗菌药物

兽医临床的合成抗菌药物主要有磺胺类、喹诺酮类、喹噁啉类、硝基呋喃类、硝基咪唑类等。目前应用最多的是磺胺类和喹诺酮类。喹噁啉类的卡巴氧、喹乙醇由于具有潜在的致癌作用，欧、美等许多国家已禁止在食品动物中使用。硝基呋喃类如呋喃它酮、呋喃唑酮以及硝基咪唑类的甲硝唑、地美硝唑，由于发现有致癌作用，世界大多数国家包括我国均已禁止作为促生长添加剂使用。乙酰甲喹和喹烯酮是我国合成的一类喹噁啉类兽药，目前只有我国使用。

1.2.2.2　抗寄生虫药

抗寄生虫药是指能杀灭寄生虫或抑制其生长繁殖的物质。根据主要作用对象和蠕虫不同，可分为驱线虫药、驱绦虫药、抗吸虫药和抗血吸虫药。

（1）驱线虫药

苯并咪唑类：本类药物的特点是驱虫谱广，驱虫效果好，毒性低，甚至还有一定的杀灭幼虫和虫卵作用。本类药物常用的有阿苯达唑、芬苯达唑、噻苯达唑、非班太尔等。

四氢嘧啶类：主要有噻嘧啶和莫仑太尔。

有机磷类：原为杀虫剂，后来发现可作为动物驱虫药，如敌敌畏、敌百虫、好乐松等。

抗生素类：主要有两种，一种属于氨基糖苷类抗生素的越霉素 A 和潮霉素 B；另一种是以阿维菌素为代表的新型大环内酯类抗寄生虫药物，目前在全世界范围内使用最广泛的有阿维菌素、伊维菌素、多拉菌素和爱普菌素等。

其他驱线虫药物：哌嗪、吩噻嗪、羟萘苄芬宁等。

（2）驱绦虫药物

驱绦虫的药物主要有阿苯达唑、硫氯酚、吡喹酮、槟榔碱、硫酸铜、氯硝柳胺等多种药物。其中，疗效好、毒性低、使用安全的首选药物是氯硝柳胺和硫氯酚。

1.2.2.3　抗生素类生长促进剂

抗生素类生长促进剂主要指以亚治疗剂量应用于健康动物饲料中，为改善动物营养状况、预防动物疫病、促进动物生长、提高养殖效益为目的的一类物质的总称。根据其化学结构，主要分为多肽类、四环素类、喹噁啉类、大环内酯类、聚醚类等。

（1）多肽类

一类抗菌作用各不相同的高分子多肽化合物，添加于饲料中促进生长、生产性能提高效果好，是最安全的动物促生长抗生素之一。临床上主要的品种有杆菌肽、维吉尼亚霉素、恩拉霉素、阿伏霉素和多黏菌素 E 等。

（2）四环素类

用于饲料添加剂的四环素类药物主要有土霉素和金霉素。

（3）聚醚类

又称离子载体类抗生素，是一类畜禽专用抗生素，主要用于防治球虫感染和提高反刍动物饲料转化率。研究者还发现，该类药物对革兰氏阳性菌具有较高的抗菌活性，有的对真菌也有抗菌作用。作为饲料添加剂的聚醚类药物有莫能菌素、盐霉素、拉沙霉素和马杜霉素等。

1.2.2.4　合成代谢激素类生长促进剂

合成代谢激素类生长促进剂主要通过增强同化代谢、抑制异化或氧化代谢、改善饲料利用率或增加瘦肉率等机制来发挥促生长效应。这类药物效能极高，起效快，用量低。

目前，应用于兽医临床的合成代谢激素类生长促进剂主要有性激素类、二苯乙胺类、雷索酸内酯类等。由于本类药物对人和动物以及环境的潜在危害较大，包括我国在内的多数国家都禁止用于食品动物的饲养过程。少数国家虽然允许使用，但对使用对象和方法都有严格的规定。

（1）性激素

性激素类药物主要有雄激素、雌激素和孕激素。此类激素曾是应用最广泛、效果显著的一类生长促进剂。研究表明，性激素主要通过调节机体代谢，尤其是通过蛋白质和脂肪的合成与分解代谢而促进生长发育，增加胴体蛋白质含量，降低脂肪含量，降低饲料消耗。性激素促生长作用对反刍动物效果最显著，对其他动物作用较小或不明显，可能与反刍动物的饲料转化率较低有关。

（2）二苯乙烯类

二苯乙烯类是具有雌激素性质的非甾体类同化激素，目前在兽医临床使用的主要有己烯雌酚、己二烯雌酚、己烷雌酚等。但由于其具有致畸胎、癌瘤等严重的毒副作用，目前绝大多数国家已禁止使用。

（3）雷索酸内酯类

雷索酸内酯类药物是具有雌激素性质的非甾体同化激素，兽医临床使用的主要有玉米赤霉醇。

（4）β_2-受体激动剂

β_2-受体激动剂是 20 世纪 80 年代以来研究开发的一类作用于细胞肾上腺素能受体的类激素药物，属于儿茶酚胺类化合物。在动物体内具有类似肾上腺素的生理作用，能够加强心脏收缩、扩张骨骼肌血管和支气管平滑肌。医学上，用于治疗休克和支气管痉挛。高剂量时，如 5～10 倍治疗剂量对多种动物具有提高饲料转化率和增加瘦肉率的作用。目前研究较多的该类药物有克仑特罗、沙丁胺醇、莱克多巴胺和西马特罗等。

（5）利尿药

利尿药能促进肾脏排出电解质及水，增加尿量，用于减轻或消除水肿的药物。根据其化学结构不同可分为两类：环状利尿药和噻嗪类利尿药。

(6) 镇静剂和β-阻断剂

镇静剂和β-阻断剂包括氯丙嗪、乙酰丙嗪和赛拉嗪等。临床主要用于动物镇静；也可用于平滑肌解痉作用的辅助药；或用于抗休克、中暑、降温及高温运输防暑等辅助药。

1.2.3 抗菌和耐药的含义

1.2.3.1 抗菌活性

抗菌活性指抗菌药抑制或杀灭病原微生物的能力。不同种类抗菌药的抗菌活性有所差异，即各种病原菌对不同的抗菌药物具有不同的敏感性。药物的抗菌活性或病原菌敏感性一般是通过体外方法进行测定，即药敏试验。常用的测定方法有稀释法（如试管法、微量法、平板法等）和扩散法（如纸片法）等。兽医临床在选用抗菌药时，一般应做药敏试验，选择对病原菌最敏感的药物。根据抗菌活性的强弱，临床上把抗菌药分为抑菌药和杀菌药。

(1) 抑菌药

抑菌药指仅能抑制病原菌的生长繁殖而无杀灭作用的药物，如四环素类、酰胺醇类和磺胺类药物等。

(2) 杀菌药

杀菌药指具有杀灭病原菌作用的药物，如β-内酰胺类、氨基糖苷类和氟喹诺酮类等。

1.2.3.2 抗菌谱

抗菌药对一定范围的病原菌具有抑制或杀灭作用，称为抗菌谱。了解药物的抗菌谱，是兽医临床选药的基础。根据抗菌谱范围，可将药物分为窄谱抗菌药和广谱抗菌药。

(1) 窄谱抗菌药

仅对革兰氏阳性或革兰氏阴性菌产生作用的药物称窄谱抗菌药。如青霉素主要对革兰氏阳性细菌有作用；链霉素主要作用于革兰氏阴性细菌。

(2) 广谱抗菌药

除对细菌有作用外，对支原体、衣原体或立克次氏体等也具有抑制或杀灭作用的药物称广谱抗菌药。如四环素类、酰胺醇类等。许多半合成抗生素和人工合成的抗菌药多具有广谱抗菌作用。

1. 2. 3. 3　耐药性和交叉耐药性

（1）耐药性

又称抗药性，是指病原体对于药物的抵抗性。病原微生物的耐药性分为天然耐药性和获得耐药性 2 种。前者属细菌的遗传特性，如铜绿假单胞菌对大多数抗菌药均不敏感。获得耐药性是指病原菌在体内外反复接触抗菌药后产生了结构或功能的变异，称为对该抗菌药具有抗性的菌株。尤其在药物浓度低于 MIC 水平时更容易形成耐药菌株，对抗菌药的敏感性下降，甚至消失。

（2）交叉耐药性

某种病原菌对一种药物产生耐药性后，往往对同一类的药物也具有耐药性，这种现象称为交叉耐药性。交叉耐药性有完全交叉耐药性及部分交叉耐药性之分。完全交叉耐药性是双向的，如多杀性巴氏杆菌对磺胺嘧啶产生耐药性后，对其他磺胺类药物均产生耐药性；部分交叉耐药性是单向的，如氨基糖苷类药物中，对链霉素耐药的细菌，对庆大霉素、卡那霉素、新霉素仍然敏感，而对庆大霉素、卡那霉素、新霉素耐药的细菌，对链霉素也耐药。

1. 2. 4　药物的制剂及剂型

药物的原料不能直接用于动物疾病的治疗和预防，必须进行加工，制成安全、稳定、便于应用的形式，成为药物剂型，如粉剂、片剂和注射剂等。根据药典或药品规范，将原料药物加工制成一定规格、可供临床使用、便于保存的药剂。剂型是指根据医疗、预防等的需要，将药物加工制成具有一定规格、形态而有效成分不变，便于使用、运输和保存的形式。一般指制剂的剂型。

目前，剂型按形态可分为液体剂型、半固体剂型、固体剂型和气体剂型 4 类。液体剂型包括芳香水剂、醑剂、煎剂及浸剂、溶液剂、酊剂、流浸膏剂、乳剂、合剂、注射剂、搽剂；半固体剂型包括软膏剂、糊剂、浸膏剂、舔剂；固体剂型包括散剂、片剂、胶囊剂和丸剂；气体剂型包括喷雾剂和气雾剂。

1. 2. 5　药物剂量及常用名词术语

剂量是指给药时对机体产生一定反应的药量。剂量一般指防治疾病的常用量。

药物应有一定的剂量，在机体吸收后达到一定的药物浓度，才能出现药物的作用。如果剂量过小，在体内不能形成有效浓度，药物就不能发挥其有效作用。但如果剂量过大，超过一定的限度，药物可对机体产生毒性。因此，要发挥药物的作用而又要避免其不良反应，必须掌握药物的剂量范围。动物临床常用的剂量如下：

　　最小有效量：指剂量增加到开始出现效应时的药量。

　　有效量或治疗量：指比最小有效量大，并对机体产生明显效应，但并不引起毒性反应的剂量。

　　中毒量：指超过有效量并能引起毒性反应的剂量。

　　最小中毒量：指能引起毒性反应的最小剂量。

　　致死量：指比中毒量大并能引起死亡的剂量。

　　安全范围：指最小有效量与最小中毒量之间的范围，又称安全度。

　　选定药物剂量时，既要注意药物的安全范围，又要根据患病畜禽的种类、体况、体重、病情及病因等具体条件做出决定。用药后要注意观察药效，并按病情需要加以调整。

1.2.6　兽药计量单位

(1) 质量（重量）单位与换算

1t（吨）＝1 000kg（千克）。

1kg（千克）＝1 000g（克）＝1 000 000mg（毫克）＝1 000 000 000μg（微克）。

(2) 容量单位与换算

1L（升）＝1 000mL（毫升）＝1 000 000μL（微升）。

(3) 浓度单位与换算

浓度单位有 ppm、％（百分浓度）等，1ppm 为百万分之一。

1ppm＝1g/t＝1mg/kg 或 1mg/L；1ppm＝0.0001％。

(4) 国际单位（IU）的换算

国际单位（IU）是表示抗生素效价和维生素活性的单位。

1IU 青霉素 ＝ 0.60μg 结晶青霉素 G 钠盐或 0.625μg 青霉素 G 钾盐。

1IU 维生素 A ＝ 0.60μg β-胡萝卜素或 0.30μg 维生素 A 醇。

1IU 维生素 E ＝ 1mg 维生素 E 醋酸酯。

1.2.7　药物的有效期和失效期

　　药物的有效期是指保证有效的日期。失效期是指该药失效的日期。规

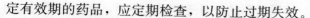

定有效期的药品，应定期检查，以防止过期失效。

按照《兽药管理条例》的有关规定，生产企业必须在兽药包装上注明其批号、有效期或失效期。

1.2.8　兽药的使用

1.2.8.1　给药途径

给药途径可影响药物的吸收速度和数量，从而影响药物作用强度和作用时间。按药物吸收速率由慢到快，可依次排列如下：口服给药、直肠给药、舌下给药、皮下给药、肌肉注射、吸入和静脉注射。给药途径的不同，对某些药也可引起药物作用性质的改变。例如，硫酸镁口服时，有导泻作用；肌肉注射，则产生降压和抗惊厥作用。

（1）口服给药

多数药物可经口服途径给药。药物口服后，经动物胃肠道吸收（小肠是主要吸收部位）而作用于全身，或停留在胃肠道发挥局部作用。许多内服的药物是固体剂型，吸收前药物首先从剂型中释放，这一过程常影响其吸收速率。一般溶解的药物或液体剂型较易吸收。内服药物的吸收还受以下因素的影响：

①排空速率影响药物进入小肠的快慢。不同动物有不同的排空率，如马排空时间短，牛则没有排空。此外，排空率还受其他生理因素、胃内容物的容积和组成等影响。

②胃肠液的 pH 能明显影响药物的解离度。不同动物胃液的 pH 有较大差别，如马 pH5.5，猪、犬 pH3～4，牛前胃 pH5.5～6.5，真胃 pH 约为 3，鸡嗉囊 pH3.17。pH 是影响吸收的重要因素。一般酸性药物在胃液中多不解离、容易吸收；碱性药物在胃液中解离、不易吸收，要在进入小肠后才能吸收。

③胃肠内容物的充盈度。大量食物可稀释药物，使浓度变得很低，影响吸收。据报道，猪饲喂后对土霉素的吸收少而且慢，饥饿猪的生物利用度可达 23%，饲喂后猪的血药浓度仅为后者的 10%。

④药物的相互作用。有些金属或矿物质元素（如钙、镁、铁、锌等离子）可与四环素类、氟喹诺酮类等在胃肠道发生螯合作用，从而阻碍药物吸收或使药物失活。

⑤首过效应。内服药物从胃肠道吸收，经门静脉系统进入肝脏，在肝药酶和胃肠道上皮酶的联合作用下进行首次代谢，使进入全身循环的药量

减少的现象称首过效应。不同药物的首过效应强度不同，首过效应强的药物可使生物利用度明显降低。若治疗全身性疾病，则不宜内服给药。

总之，口服给药的优点是安全、经济、操作方便；缺点是受胃肠道内容物的影响较大，吸收不规则，显效慢。当患病动物病情危急、昏迷、呕吐时，不能口服；刺激性强、可损伤胃肠黏膜的药物，不能口服；能被消化液破坏的药物，不能口服。

（2）注射给药

注射给药是指在严格消毒的条件下，通过注射器将药物注入机体的给药方法。其优点是药物吸收快而完全，剂量准确，可避免消化酶的破坏，作用更为可靠；缺点是操作比较麻烦，无菌要求高。若注射器械消毒不严易造成感染，注射局部可引起疼痛。常用的主要有静脉注射、肌肉注射和皮下注射，其他还包括腹腔注射、关节内注射、结膜下腔注射和硬膜外注射等。

静脉注射可立即产生药效，并可控制用药剂量。而对于肌肉注射和皮下注射，药物从肌肉、皮下注射部位吸收一般 30min 内达峰值，吸收速率取决于注射部位的血管分布状态。其他影响因素包括给药浓度、药物解离度、非解离型分子的脂溶性和吸收表面积。机体不同部位的吸收也有差异，同时使用能影响局部血管通透性的药物也可影响吸收（如肾上腺素）。缓释剂型能减缓吸收速率，延长药效。

皮下注射：简称皮注，将药液注入颈部或股内侧皮下结缔组织中，经毛细血管吸收，10～15min 出现药效。只适用于少量药液，可引起一定程度的疼痛及刺激。刺激性药物及油类药物不宜皮注，否则易造成发炎或硬结。

肌肉注射：简称肌注，将药物注入富含血管的肌肉内，吸收速度比皮下快，经 5～10min 即可产生药效。油剂、混悬剂及刺激性药物均可采用肌注方式给药。

静脉注射：简称静注，将药物直接注入血管内，药物产生作用快，常用于急救。但危险性较大，可能出现剧烈不良反应。药液漏出血管外，可能引起刺激反应或炎症。混悬液、油溶液、易引起溶血或凝血的药物均不可静注。

（3）局部用药

将药物用于局部，使其主要发挥局部作用的给药方法。如涂擦、撒布、喷雾、洗涤、滴入等，均属于皮肤、黏膜局部用药。

（4）群体给药

为了预防或治疗动物传染病，促进畜禽生长发育，常常对动物群体施

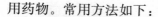

用药物。常用方法如下：

混饲给药：将药物均匀混入饲料中，让畜禽吃料时能同时吃进药物。此法简便易行，但应注意准确掌握药物的剂量，药物与饲料的混合必须均匀。

混水给药：将药物溶解于水中，让动物自由饮水。此法适用于因病不能吃食但还能饮水的动物。应根据动物每日饮水的量，来计算药量与药液浓度。

气雾给药：将药物以气雾剂的形式喷出，使其分散成微粒，让动物经呼吸道吸入而在呼吸道发挥局部作用。若喷雾于皮肤或黏膜表面，则可起保护创面、消毒、局麻、止血等局部作用。

环境消毒：在动物畜舍、饲养场地喷洒药液，或用药液浸泡、洗刷饲喂器具等。消毒环境和用具，注意掌握药液浓度，以防动物中毒。

1.2.8.2　给药剂量

要使药物产生一定的效应，就必须给予一定的剂量。剂量过小，就不会出现效应；剂量过大，则易发生中毒甚至造成动物死亡。因此，用药时，安全范围愈大，用药愈安全。对于安全范围较窄的药物，用药时必须特别注意。

1.2.8.3　给药时间

许多药物在适当时间给药，可以提高疗效。如健胃药，在饲喂前投服效果好；驱虫药，在空腹时给药疗效好。内服药物，空腹给药吸收快且较安全，但对胃肠有刺激性药物最好在饲喂后给药。

1.2.8.4　用药次数和间隔时间

用药的次数取决于病情需要。给药的间隔时间，根据药物在体内的消除速度而变化。消除慢的药物要延长给药时间，消除快的药物要增加给药次数。为了达到治愈的目的，需要反复用药一段时间，以维持其在体内的有效浓度，使药物持续发挥作用，称为重复用药。重复用药的间隔时间，主要取决于药物在体内的半衰期。既要维持药效，又要防止药物在体内蓄积。重复用药连续若干天，称为一个疗程。一般情况下，连续用药 1～2 个疗程尚无显著疗效时，应改用其他药物。

但重复用药可使机体对某一药物产生耐受性，从而使药物作用减弱，亦可使病原体产生耐药性而使药效下降或消失。特别是当使用抗生素时，用药剂量不足，病原体的耐药性更易产生。

1.2.8.5 联合用药

两种或两种以上药物同时应用，称为联合用药或配伍用药。联合用药可使药物作用增加，称为协同作用，可分为相加作用和增强作用；在合并用药时，各药作用相反，引起药效减弱或互相抵消，称为拮抗作用。

药物的协同作用和拮抗作用，在临床上具有重要的实践意义。利用相加作用，以减少单用某一药物所产生的不良反应；利用药物的增强作用，以提高疗效；利用药物的拮抗作用，以减轻或避免某一药物副作用的产生或解除某一药物的毒性反应。联合用药的目的在于提高疗效，减少不良反应；或是为了治疗不同的病症或合并症。但不恰当的联合用药，可能使疗效降低或出现毒性反应。这是由于两种或两种以上的药物在吸收、分布、代谢、排泄及作用原理等方面的相互影响而引起的。如氢氧化铝与四环素合用时，在肠道内可形成络合物而影响四环素的吸收，降低其疗效。因此，除熟悉常用药物的作用特点外，还应了解各种药物之间的相互作用，以使药物发挥其良好的治疗效果。

此外，应用抗寄生虫药时，还应注意以下问题：

第一，正确认识和处理好药物、寄生虫和宿主三者之间的关系，合理使用抗寄生虫药。三者之间的关系是互相影响、互相制约的。因而在选用时，不仅应了解药物对虫体的作用以及宿主体内的代谢过程和对宿主的毒性，而且应了解寄生虫的寄生方式、生活史、流行病学和季节动态感染强度及范围。为了更好地发挥药物的作用，还应熟悉药物的理化性质、剂型、剂量、疗程和给药方法等。

第二，为控制好药物的剂量和疗程，在使用抗寄生虫药进行大规模驱虫前，应选择少数动物先做驱虫试验，以免发生大批中毒事故。

第三，在防治寄生虫病时，应定期更换不同类型的抗寄生虫药物，以避免或减少因长期或反复使用某些抗寄生虫药而导致虫体产生耐药性。

第四，为避免动物性食品中药物残留危害消费者的健康和造成公害，应遵守有关药物在动物组织中的最高残留限量和休药期的规定。

1.2.9 兽药的保管和储藏

药物的储藏保管要做到安全、合理和有效。首先，应将外用药与内服药分开储藏；对化学性质相反的，如酸类与碱类、氧化剂与还原剂等药品，也应分开储藏。其次，要了解药品本身的理化性质和外来因素对药品

质量的影响，针对不同类别的药物采取有效的措施和方法进行储藏和保管。

1.2.9.1 影响药物质量的因素

引起药物变质的因素主要包括空气、温度、湿度、光照、霉菌、储藏时间等。此外，药物的生产工艺、包装所用的容器及包装方法等，也对药品的质量有很大的影响。

(1) 空气

空气中的氧或其他物质释放出的氧，易使药物氧化，引起药物变质。如硫酸亚铁氧化变成硫酸铁；漂白粉在有湿气存在的条件下，可吸收二氧化碳，慢慢放出氯而使效力降低。磺胺类和苯巴比妥类药物的钠盐碳酸化后，难溶于水。

(2) 光线

日光中的紫外线可使许多药物发生变色、氧化、还原和分解等化学反应，这叫光化反应。如硝酸银、甘汞等光化后，被还原析出深棕色有毒的金属银和汞，颜色变深，毒性增大；肾上腺素受光影响可渐变红色；双氧水氧化后，生成氧和水；麻醉乙醚遇光后，加速氧化产生有毒的过氧化物。

(3) 温度

温度过高会使药物的挥发速度加快，促进氧化、分解等化学反应而加速药品变质、变形、减量、爆炸等。例如，血清、疫苗在高温下存放容易失效，需低温冷藏；栓剂、油膏易变形；薄荷油、乙醚、无水乙醇、氯仿等减量；过氧化物加速分解易引起爆炸。相反，温度过低会使一些药品发生冻结（水针和水剂）、分层（乳剂和胶体溶液）、析出结晶（葡萄糖酸钙）、聚合等。例如，甲醛在9℃以下生成聚合甲醛而析出白色沉淀。

(4) 湿度

湿度对药品保管影响很大。湿度过大，有些药品吸湿而发生潮解、液化、变形、发霉。例如，阿司匹林、青霉素等吸收水分而分解；水合氯醛、溴化钠可以逐渐液化；胃蛋白酶发生结块；胶囊剂发生软化粘连等；硫酸铜、结晶硫酸钠、硫酸锌、硫酸阿托品等在干燥空气中风化（失去结晶水）。

(5) 储藏时间

药物不宜储藏过久。有些药品因理化性质不稳定易受外界因素影响，储藏一段时间后，会使含量下降或毒性增加。抗生素、生物制品和某些化学药品均规定了有效期，超过有效期的药品必须按规定加以处理，不得使用。

1.2.9.2 保管方法

（1）一般储藏

一般药品均应按《中国兽药典》或兽药说明书中该药"储藏"项下的规定条件储存与保管。

（2）分类保管

根据药品的性质、剂型分类保管，采用不同的储藏方法。在分类保存药物时，剧毒药与毒药应设专账、专柜并加锁，由专人保管。每个药品必须单独存放，药品之间留有适当距离或加隔板，以免混淆。每个药品要有明显的标记，并以不同颜色加以区别。

易潮解的药物：应装入密闭的瓶内，放置干燥处保存。如氯化钠、碘化钾和葡萄糖等。

易风化的药物：除密封外，需置于适宜湿度处保存。如硫酸镁、硫酸钠和阿托品等。

易氧化的药物：应严密包装，置阴凉处保存。如维生素 A。

易光化的药物：应置于有色瓶中或包装盒内加黑色包装，并放在阴暗处。如盐酸肾上腺素和氨茶碱等。

易碳酸化的药物：需严密包装，置于阴凉处保存。如氢氧化钠、氢氧化钾和氢氧化钙等。

常温易变质的药物：应置于冰箱、冷库中保存。如生物制品和血清等。

（3）建立药品保管账目

经常检查，确保药物在有效期内。并采取有效措施，防止腐败、发酵、霉变、虫蛀和鼠咬。同时，应及时清理失效药物。

（4）确保安全

加强防火、防盗等安全措施，确保人员与药品的安全。

1.2.9.3 药品储藏方式

药品常用的储藏方式有以下几种：

遮光：指不透光的容器包装。例如，棕色容器或黑色纸包裹的无色透明、半透明容器。

密闭：指容器密闭，以防止尘土及异物进入。

密封：指将容器密封，以防止风化、吸潮、挥发或异物进入。

熔封或严封：指将容器熔封或用材料严封，以防止空气与水分的侵入，并防止污染。

阴凉处：指不超过 20℃。

凉暗处：指避光并不超过 20℃。

冷处：指 2～10℃。

1.3　兽药的作用与危害

1.3.1　基本作用

药物作用是指药物小分子与机体细胞大分子之间的初始反应。药理效应是药物作用的结果，表现为机体生理、生化功能的改变。机体在药物的作用下，使机体器官、组织的生理、生化功能增强称为兴奋；相反，使生理、生化功能减弱则称为抑制。药物能治疗疾病，就是通过其兴奋或抑制作用调节和恢复机体被病理因素破坏的平衡。除了功能性药物表现为兴奋和抑制作用外，有些药物则主要作用于病原体，可以杀灭或驱除入侵的微生物或寄生虫，使机体的生理、生化功能免受损害或恢复平衡而呈现其药理作用。

同时，为了预防某些动物疾病，在饲料中常常人为添加一些药物。此外，抗生素和其他一些化学药物以低于治疗剂量被作为添加剂使用，以促进畜禽的生长，已达到提高饲料转化率，促进产奶、产肉、产蛋量提高的目的。1943 年以后，美国的青霉素开始工业化生产，同时产生的抗生素发酵废渣被一些饲养业用作饲料来喂猪。随后发现，这些饲料与普通饲料相比，可使猪长得更快。1946 年发现，添加少量链霉素能促进雏鸡生长。作为畜禽保健药驱寄生虫药物在畜牧业中使用十分广泛，特别是在大型集约化饲养场，是饲料添加剂中必不可少的重要成分。这些药物可掺入饲料或加入饮水中，用于防治畜禽遭受寄生虫的感染和侵袭，以达到促进动物生长、提高饲料效率的目的。

1.3.2　作用方式

药物可通过不同的方式对机体产生作用。

（1）从药物作用的范围来看

药物在吸收入血液以前在用药局部产生的作用，称为局部作用。药物经吸收进入全身循环后分布到作用部位产生的作用，称吸收作用或称全身作用。两种作用无严格的区别。在治疗上，如要利用药物的局部作用，应设法使药物停留在用药的局部；反之，则应使药物充分吸收，充分发挥其药理作用。

（2）从药物作用的顺序来看

药物进入机体后，首先发生的原发性作用，称为直接作用。通过直接作用的结果，产生的继发性作用称为间接作用。由于机体内环境的相对恒定和相互联系，在药物的直接作用对某一器官的影响，必然产生对其他器官的相互反应而呈现药物的间接作用。

1.3.3　作用的选择特性

机体不同器官、组织对药物的敏感性表现明显的不同。多数药物在适当剂量时，只对机体的某些器官或组织产生明显的作用，而对其他组织或器官的作用不明显或几乎没有作用，称为药物作用的选择性。药物作用的选择性是治疗作用的基础。选择性高，针对性强，可产生很好的治疗效果，副作用相应减小。因此，药物的选择特性常常作为药物分类和合理用药的基础，在理论和实践上均具有重要的意义。

1.3.4　治疗作用

药物与机体相互作用，影响机体生理生化机能或病变的自然过程，有利于患病机体，可以防病治病，称为治疗作用。根据药物作用达到的治疗效果，可分为对因治疗和对症治疗。对因治疗是指药物作用能消除原发致病因子；而药物作用仅能改善疾病症状的称为对症治疗。

对因治疗对于防治家畜传染病、感染性疾病具有重要意义。临床用药时，对病因必须有正确的诊断，以防止药物滥用。同时，用药必须彻底，有足够的剂量和疗程，达到根除的目的。对症治疗是对病因未明、症状严重或尚无对因治疗药物的情况下所采取的重要措施，可解除病畜的危重征象，有助于机体恢复其抗病能力。特别是辅助对因治疗，对促进病畜健康的恢复起着重要作用。

对因治疗和对症治疗各有特点，相辅相成。临床上常采取综合治疗的方法，既使用消灭病原体的药物如抗生素、磺胺药等，又使用消除各种严重症状（如高热、虚脱、休克等）的药物做辅助治疗，以防止疾病进一步发展。

1.3.5　不良反应

临床使用药物防治疾病时，产生与用药目的无关或对动物产生损害的作用，称为不良反应。不良反应主要有以下几种：

（1）副作用

副作用指在常用治疗剂量时产生的与治疗无关的作用，给机体带来不良影响。一般较轻微，且多可恢复的功能性变化。产生副作用的原因是药物选择性低，作用范围大。当某一作用被用来作为治疗目的时，其他作用就成为副作用。

（2）毒性反应

毒性反应指药物用量过大或用药时间过长，从而引起机体发生的严重功能紊乱或病理变化。大多数药物均有一定的毒性，只不过毒性反应的性质和程度不同而已。一般毒性反应是用药剂量过大或用药时间过长而引起。用药后立即发生的称急性毒性，多由剂量过大所引起，常表现为心血管、呼吸功能的损害；有的在长期蓄积后逐渐产生称为慢性毒性，慢性毒性多数表现肝、肾、骨髓的损害；少数药物还能产生特殊毒性，即致癌、致畸、致突变反应（简称"三致"作用）。此外，有些药物在常用剂量时也能产生毒性。例如，氯霉素可抑制骨髓造血功能；氨基糖苷类有较强的肾毒性等。药物的毒性反应一般是可以预知的，应设法减轻或防止。

（3）变态反应

变态反应又称过敏反应，是与药量作用无关的不易预知的一种不良反应，也是机体接受药物后所发生的免疫病理反应。这种反应与剂量无关，反应性质各不相同，难以预知。致敏源可能是药物本身或其体内的代谢产物，也可能是药物制剂中的杂质。

（4）继发性反应

继发性反应是药物治疗作用引起的不良后果。如成年草食动物胃肠道有许多微生物寄生，正常情况下菌群之间维持平衡的共生状态。如果长期应用四环素类广谱抗生素时，对药物敏感的菌株受到抑制，菌群间相对平衡受到破坏，以致一些不敏感的细菌或抗药的细菌（如真菌、葡萄球菌、大肠杆菌等）大量繁殖，可引起中毒性肠炎或全身感染。这种继发性感染称为"二重感染"。

（5）耐药性

耐药性又称抗药性，是指病原体对于药物的抵抗性。在治疗细菌感染性疾病或寄生虫病时，长时期使用某种药物。病原体反复与之接触后，其反应性逐渐减弱，以致最后病原体能抵抗该药而不被抑制或杀灭。病原体耐药后，往往使治疗失效。许多细菌及寄生虫均会产生耐药性，在剂量不足或不恰当地长期使用某一种药物时更易产生。在可能条件下，应做药敏试验，选择合适的抗菌药。

1.4　国内外兽药管理概况

1.4.1　美国兽药管理概况

美国审批兽药的机构是美国联邦食品药物管理局（Food and Drug Administration，FDA）下的兽药中心（Center for Veterinary Medicine，CVM）。CVM 是依据《联邦食品、药物与化妆品法》（FFDCA）设立的专门负责兽药管理的消费者保护机构，主要通过执行 FFDCA 及其他相关法规来保证美国市场上提供的兽用产品是安全、有效的，从而满足公共卫生和动物卫生需要。为了保障动物健康养殖及人类消费安全，FDA 制定了一系列的药物审批程序：药物代谢研究、毒理学试验残留标示物的选择、毒物学试验、阈值评价、耐受性确定、残留分析方法建立、休药期制定以及新兽药和食品添加剂发酵生产指南等。这些准则阐述了药物生产方为了满足 FDA 规定的条款必须完成的研究，并遵循 FDA 批准的程序开展相关研究工作，且其他方法同样可以用于药物安全性评价。

除 FDA 外，参与兽药管理的还有农业部、毒品管制局、联邦贸易委员会、环境保护局和各州政府的药事委员会等部门（图 1-1）。其中，农业部负责兽用生物制品的管理和畜产品兽药残留的监测；毒品管制局负责强制执行麻醉药等特殊药物管理；联邦贸易委员会负责管理除处方药和医疗器械外的所有产品的广告，包括药物（人药和兽药）；环境保护局负责

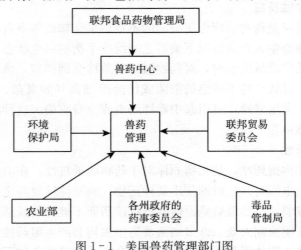

图 1-1　美国兽药管理部门图

杀虫剂、杀霉剂和灭鼠剂的审批和管理；各州政府的州药事委员会是美国各个州政府的药物管理机构，隶属于州政府卫生部门，管理权限仅限于本州范围内药物的生产、销售以及其他相关活动的管理与监督。

FDA 所属兽药中心（CVM）的具体工作职能涉及：制定关于兽药、饲料、饲料添加剂、兽用医疗器械和其他兽用医疗产品安全性和有效性的政策，为上市兽药的安全性提供证据；对市场上的兽药、饲料、饲料添加剂、兽用医疗器械和其他兽用医疗产品进行评估；与有关部门协调制订兽用产品的质量监督计划并监督实施。

FDA 对兽药和兽用生物制品管理的重点体现在对生产企业的管理上。兽药生产企业生产前必须获得生产许可证和产品文号，销售环节必须严格区分处方药和非处方药。CVM 对所有兽用抗生素产品执行严格的审批制度，不但审批药品本身的质量，还需进行药品对动物本身及其所产畜产品的安全性评估。兽用生物制品实行生产、销售及进出口许可制度，由农业部负责管理。产品每个批号都要留样送检，抽取其中的 10% 进行检测，发现产品质量问题直接问责企业。

FDA 对上市兽药实施药物不良反应（Adverse Drug Reaction，ADR）报告计划。目的是掌握药物安全方面的资料，检查药品的非安全性使用，对影响产品安全性的污染和生产问题进行早期监测，对药物的有效作用和非期望作用提供全面的评价报告。

FDA 严格按照法律要求对药品的质量和药品研究、生产、供应的质量保证体系进行强制性认证和强制性监督。对兽药上市前的审批和上市后的监管都有一套比较完善的机制和手段。如 FDA 官员对生产企业产品质量的管理以每年抽样检查为主要手段，规定每年现场抽样 1～2 次，若发现不合格产品会记入企业管理档案。

在严格监管的同时，为方便兽药企业和用户，FDA 主动搭建服务信息平台。FDA 编辑了名为"动物药品@ FDA"的兽药信息数据库，及时发布已被批准使用的兽药信息。该数据库可供用户查询所有 FDA 批准使用的兽药详细信息。查询工具不仅可以使用户进行简单的药品名称查询，而且还可以对药品成分、剂量剂型、给药途径等进行全面的查询。此举在生产者和使用者之间搭起了一个信息服务平台，方便了兽药的安全及正确使用。

药物一经批准上市，FDA 即启动上市后的监督，以保证药物的有效性和安全性。美国对动物性食品中药物残留是否符合限量标准的监测部门为美国农业部食品安全检验局（FSIS），FDA 仅负责管理和检查除肉类和禽产品以外的食品和动物饲料。

1. 4. 2　欧盟兽药管理概况

欧盟药品管理法由欧盟委员会企业司负责起草，欧盟议会和理事会统一颁布。欧盟委员会下设的企业总司药品管理部和欧盟药品审评局下设的欧盟兽药常务委员会共同负责兽药的立法和重大决策。

欧盟的药品管理机构主要是隶属于欧洲委员会（COM）的欧洲药品审评局（EMEA），其主要职责是对申请上市的新药进行技术审评以及对市场上的药品进行监督和预警管理。该机构实行药审、药监和药检"三位一体"的行政管理，为各成员国提供关于药品审评的科学建议。

EMEA 由执行理事、管理委员会、人药委员会、兽药委员会（CVMP）、罕用药委员会、草药委员会和秘书处组成，另有 3 500 余名专家组成的专家库作为技术支撑，根据需要抽取相关专家参与技术评价。EMEA 内与兽药管理相关的部门为兽药委员会（CVMP）和秘书处（图 1 - 2）。其中，CVMP 负责上市兽药的技术审评。该机构由 300 余名专家组成，秘书处下属的监督部负责授权兽药的质量监督工作及企业GLP、GCP、GMP 的检查工作。

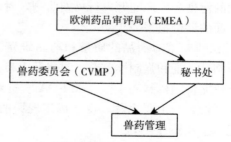

图 1 - 2　欧盟兽药管理部门图

1993 年，欧盟提出兽药上市的两个程序：中央审批（CP）和相互认可（MRP），1995 年生效。其中明确规定：某些兽药必须经 EMEA 审评，经批准并颁发许可证后才能正式上市。取得中央审批程序批准的兽药可以得到各成员国的互认。其中，由 CVMP 具体负责兽药方面授权上市的审批工作。除 EMEA 审评外，各成员国的审评机构可在其辖区内授权药物上市，但对外不产生法律效力。为扩大市场销售范围，可以通过相互认可程序在其他成员国获准上市。

兽药生产企业可以根据需要，采用集中申请程序、非集中申请程序或一国申请程序取得兽药上市资格。

为保障和提高兽药质量，欧盟在兽药研制和生产环节实行兽药研究质量管理规范和兽药生产质量管理规范制度，并对研制和生产环节进行全程监管，以避免兽药研制的安全隐患，提高兽药质量。欧盟各成员国的兽药生产企业必须严格遵守《药品生产质量管理规范细则》（Guide to Good Manufacturing Practice for Medicinal Products），并将药品的生产质量管理规范当作法令来采用。兽药生产企业质量管理规范主要包括质量管理、人员、厂房设备、记录、质量控制、投诉和产品召回及自我检查等内容。生产企业必须建立和执行一个有效的药品质量保证系统，管理部门和各相关机构的人员要主动参与。

对新兽药实行注册制度，切实有效地保护研制者的利益；对兽药生产、销售、进口实行行政许可制度，以规范兽药生产，提高兽药质量，保证动物性食品安全和促进国际贸易；实行处方药与非处方药分类管理制度；对进口代理商和检验机构进行有效测试；加强进口兽药管理，保护国内动物用药安全和人体健康。

EMEA 在实行兽药监督时主要利用兽药产品监控系统，监测并收集兽药质量信息。EMEA 与成员国和委员会共同建立一个数据处理网站，促进监督信息的交换。当各成员国主管部门查明兽药不符合相关规定要求时，可中止或撤消销售许可证，并采取一切必要措施禁止该兽药的供应，将所涉及的兽药从市场上撤出。

1.4.3　澳大利亚兽药管理

澳大利亚兽药管理的基本制度在很大程度上借鉴了美国和欧盟的管理模式，主要包括制定和实施强制性技术规范及管理程序，划分中央政府和地方政府的职权，充分利用行业协会对企业行为进行行业自律，收集并回应使用者及利益相关者的投诉与反馈，持续改进管理措施和方法等。

中央政府负责开发、管理、评价和不断改进兽药的管理体系。来自澳大利亚中央政府、各州和各地区政府以及新西兰的农业部部长组成的国家初级产业部长理事会（以下简称为 PIMC）参与兽药管理体系的管理。

澳大利亚兽药管理体系分为四级结构：第一级为澳大利亚中央政府，负责兽药的登记管理。澳大利亚中央政府成立 APVMA，由 APVMA 代表澳大利亚中央政府，对所有在澳大利亚使用的兽药生产和供应进行评估、批准、注册和管理。中央政府负责协助州和地区政府发展、评价、改进 APVMA 负责的法律法规及政策。第二级为州和地区政府，负责控制兽药销售以后的使用管理，包括培训和许可；同时，通过国会改善州和地区政府间控制的一致性。第三级为制造商和分销商,遵循兽药注册并自愿遵守行业行为守则。第四级为使用者,按照标签、许可证、执照、培训等的说明使用,将信息反馈给管理者,包括不良反应报告。

APVMA 管理体系的关键部分是评价该体系是否能够很好地达到目标,以便必要时进行改进。该管理体系的操作原则就是用来监督和报告体系执行绩效,并找出需要改进的地方。从中央政府到使用者,为兽药提供了一个从生产到最后处理的全过程管理体系:体系建立和领导层+兽药的注册登记+使用管理(各州和各地方政府)+行业风险管理(制造和分销)+行业风险管理(使用者)+体系改进=兽药管理体系。

澳大利亚兽药管理体系的层级和分工较为清晰,中央和地方政府各司其职,制造商和分销商自律性较强,能够及时回溯相关信息,并进行自我改进;兽药使用者能够严格按规定用药,并向管理者反馈信息。中央政府与行业及利益相关者一起监测和报告管理系统的性能,并确定需要改进的地方,包括国家管理准则、国家残留监控计划、不良反应报告体系、澳大利亚总膳食调查、农药兽药政策改革等。

澳大利亚兽药注册的主要过程概括如下:申请前的咨询—归属和申请—初步评估(筛选)—申请程序缺陷确定—通知申请人应对申请不足—筛查结果—确认申请—数据循环确认—评估的应用—解决缺陷—通知必须的要求—自愿提供新数据—公众咨询—回溯申请—确定申请程序—复议决定。

1.4.4 加拿大兽药管理概况

在加拿大,参与兽药管理的机构主要是卫生部的保健产品与食品管理局(Health Products and Food Branch,HPFB)、农业部的食品监察署(Canadian Food Inspection Agency,CFIA)以及各省级相应的政府管理机构。这些机构各司其职,共同对兽药进行监督管理。其中,HPFB 是加拿大的主要兽药管理机构,其他机构只在其辖区内负责与 HPFB 合作,协助其管理。

加拿大的兽药管理归属于药物统一管理,法律性文件主要以法案(Act)、规章(Regulation)、指导文件(Regulatory and Guidance Documents)、指南(Manual)、执法通知(Notices of Compliance)、省兽医协会时事通讯(Provincial Veterinary Association Newsletters)、加拿大兽医(Canadian Veterinary Journal)等期刊通知以及其他自由信息摘要形式出现。

目前的联邦《食品药物法》和《食品药物规章》，有时统称为联邦《食品药物法案与规章》（Food and Drugs Act and Regulations，FDAR），是加拿大管理食品、药物、化妆品、设备、管制药物和限制药物的两部主要法案。其规定条款是强制性的，具有法律效力。兽药作为药物的一部分，在其适当章节给予规定与说明。具体细节随着相应发展需要处于不断的修订与完善状态之中。至于其他不具法律效力的指导性文件，相比较而言，补充完善的速度很快，其中很大部分直接来源于美国文件。

加拿大于 1997 年重组改编了机构职能，成立了农业部食品监察署。在兽药管理方面，重点强调了兽药残留所致的动物源性食品的安全性问题，加强了卫生部制定的有关兽药残留规定与标准的实施与监督。另外，于 2001 年将以前的兽药管理局调整为现在的兽药理事会，协调兽药管理机构内部设置，充实机构管理人员，以提高兽药管理工作效率与工作力度。同时，在法律法规方面，加拿大对某些兽药的禁令及对动物源性食品的兽药最大残留限量的规定修订得很及时。除此之外，加拿大表现最为突出的即是对美国药物管理动态的及时追踪，及时汲取他国先进管理经验及相关内容。例如，目前已有的很多相关药物的指导性文件，即是从美国直接引用而来的。

1.4.5　我国兽药管理概况

1.4.5.1　主管部门

按照我国《兽药管理条例》的规定，农业部兽医局（具体工作由药政处担任）负责全国的兽药管理工作；中国兽医药品监察所负责全国的兽药质量监督、检验工作；各省（自治区、直辖市）设立相应的兽药药政部门和兽药监察所，分别从事辖区内的兽药管理工作和兽药质量监督、检验工作。

1.4.5.2　法律法规

为加强兽药的监督管理，保证兽药质量，有效防治畜禽等动物疾病，促进畜牧业的发展和维护人类健康，兽医行政主管部门对《兽药管理条例》进行了修订和完善。国务院于 2004 年 4 月 9 日发布了新版《兽药管理条例》，该条例于 2004 年 11 月 1 日起实施。

农业部根据《兽药管理条例》的规定，制定和发布了《〈兽药管理条例〉实施细则》，并根据各章中的规定制定并发布了相应的管理办法，如

《兽药注册办法》、《兽药产品批准文号管理办法》、《处方药和非处方药管理办法》、《生物制品管理办法》、《兽药进口管理办法》、《兽药标签和说明书管理办法》、《兽药广告管理办法》、《兽药 GMP》、《兽药 GSP》、《兽药非临床研究质量管理规范（兽药 GLP)》和《兽药临床试验质量管理规范（兽药 GCP)》、《新兽药及兽药新制剂管理办法》、《核发兽药生产许可证、兽药经营许可证、兽药制剂许可证管理办法》、《兽药药政、药检管理办法》、《兽药生产质量管理规范（试行)》、《〈兽药生产质量管理规范〉实施细则（试行)》、《动物性食品中兽药最高残留限量》和《饲料药物添加剂使用规范》等。

1.4.5.3 兽药质量标准

由国家兽药典委员会拟定的、国务院兽医行政管理部门发布的《中华人民共和国兽药典》（简称《中国兽药典》）和国务院兽医行政管理部门发布的其他兽药标准均为兽药国家标准。兽药只有国家标准，没有地方标准。为使我国兽药生产、经营、销售、使用和新兽药研究以及兽药的检验、监督和管理规范化，应共同遵循法定的技术依据，即我国的兽药国家标准。

《中国兽药典》是国家为保证兽药产品质量而制定的具有强制约束力的技术法规，不仅对我国的兽药生产具有指导作用，而且是兽药监督管理和兽药使用的技术依据，也是保障动物源食品安全的基础。《中国兽药典》（2005 年版）分为一、二、三部：一部收载化学药品、抗生素、生化药品原料及制剂；二部收载中药材和中药成方制剂；三部收载生物制品。并配套出版了《兽药使用指南》化学药品卷和生物制品卷，以更好地指导科学、合理地使用兽药。

第2章

《绿色食品　兽药使用准则》解读

2.1　前言

《绿色食品　兽药使用准则》（NY/T 472—2013）是由农业部立项，中国绿色食品发展中心作为技术归口单位，农业部动物及动物产品卫生质量监督检验测试中心、中国农业大学、中国兽医药品监察所负责起草的，是畜禽类绿色食品的生产技术标准，是畜禽类绿色食品生产、认证、管理等工作的技术依据，是保障畜禽类绿色食品质量安全的技术基础。

《绿色食品　兽药使用准则》（NY/T 472—2013）代替了 NY/T 472—2006，主要用以规范指导动物源性绿色食品生产中兽药的使用。其主要技术指标包括范围、规范性引用文件、术语和定义、兽药使用的基本原则、允许使用的兽药种类以及禁止使用的药物种类共6个条款内容，另有2个规范性附录。核心技术内容是第4章和第6章。

与 NY/T 472—2006 相比，除编辑性修改外，主要技术变化如下：

第一，删除了最高残留限量的定义，补充了泌乳期、执业兽医等术语和定义。

第二，修改完善了可使用的兽药种类，补充了2006年以来农业部发布的相关禁用药物。

第三，补充了产蛋期和泌乳期不应使用的兽药，增强了标准的可操作性和实用性。

2.2　引言

《绿色食品　兽药使用准则》是绿色食品标准体系的重要组成部分，属于生产资料使用准则类标准，是对畜禽类绿色食品生产过程中兽药使用的规定和控制，是畜禽类绿色食品质量安全保障的关键环节。

绿色食品作为中国特有的农产品质量安全品牌，按照"从农田到餐桌"的管理模式生产，得到了广大人民群众的认可。它不仅能为人类生存和发展提供必要的营养成分，保护和改善农业生态环境，还能在整个世界环境污染问题愈来愈严重的情况下，保证农产品质量安全，增进城乡人民身体健康，推动国民经济和社会可持续发展。

　　近几年，绿色食品行业在我国得到迅猛的发展，畜禽类绿色食品也不例外。随着当前经济社会的快速发展，动物蛋白在食物结构中的地位愈加重要。动物源性食品几乎包含了人体生长、发育和健康所需的各种主要营养物质，动物源性食品安全关乎人类健康安全。但由于畜牧业生产中，养殖环节复杂，涉及环境情况、饲料使用、兽药使用以及防疫等多个环节。因此，畜禽类绿色食品质量安全影响因素较多，尤其是兽药的使用对其安全具有直接影响。兽药的使用虽然能降低动物死亡率，缩短动物饲养周期，在促进畜牧业生产和畜产品数量的增长方面发挥了一定作用，但同时也给畜禽产品安全带来了隐患。由于不当或非法使用药物，过量的药物残留在动物体内。当人们使用了残留超标的动物食品后，会在人体内蓄积，产生过敏、畸形、癌症等不良后果，直接危害人体的健康及生命。畜禽类绿色食品在生产过程中也不排除兽药的添加使用。因此，规范、科学、合理地使用兽药，也是生产畜禽类绿色食品的关键。

　　针对动物源性绿色食品生产中的兽药使用问题，中国绿色食品发展中心从指导规范动物源性绿色食品生产出发，于 2001 年率先在国内组织专家制定了《绿色食品　兽药使用准则》（NY/T 472—2001），由农业部发布实施。2006 年，根据国家有关政策法规的变化以及生产实际使用过程中发现的问题，重新修订发布了《绿色食品　兽药使用准则》（NY/T 472—2006）。随着《农产品质量安全法》和《食品安全法》的相继颁布实施，消费者对食品安全的要求、预期以及养殖技术和药物使用等新情况，发现该标准在个别参数的设置上已满足不了当前绿色食品发展的需要。特别是我国畜禽养殖中使用的投入品种类多、变化快，对于养殖过程中使用的一些有害化学物质及替代物在标准中得不到及时更新，按照发展安全和优质绿色食品新要求补充和修改了相关内容。2013 年，再次对标准进行了修订和完善，以便对其生产过程中兽药使用情况进行有效的指导和监管，从源头上确保畜禽类绿色食品的安全生产。

　　为了更好地了解畜禽养殖过程中的兽药使用情况，增强标准的可操作性和对畜禽产品的生产、销售、消费等各个环节更全面、客观地认识，标准修订组在查阅文献、参考历年来畜禽产品质量安全监测情况的基础上，

2012 年 9～10 月派出技术人员在湖南、四川 2 省绿色食品办公室工作人员的协助下，对绿色食品养猪企业和养禽企业进行了实地考察，调查了养殖过程中畜禽疾病的发生情况及兽药使用情况，并对 NY/T 472—2006 标准的使用情况以及存在问题进行了系统深入的了解和调研，为标准的修订提供了参考，进一步保证了所修订标准的适用性和可操作性。

　　本次修订在遵循现有国家法律法规和食品安全国家标准的基础上，突出强调绿色食品生产中要加强饲养管理，采取各种措施以减少应激，增强动物自身的抗病力，尽量不用或少用兽药；同时，在国家批准使用兽药种类基础上进行筛选和限定，结合绿色食品养殖企业的生产情况，在既保证不影响畜禽疾病防治又能提升动物源性绿色食品质量安全的前提下，确定了生产绿色食品可使用和不应使用的兽药种类。修订后的 NY/T 472 对绿色食品畜禽产品的生产和管理更有指导意义。

2.3　范围

　　本部分主要针对标准文本中第 1 章"范围"所规定的主要技术内容和适用范围进行解读，以便畜禽类绿色食品生产者能充分了解和把握本标准的内涵和要求，掌握标准的真正用途，使该标准能在畜禽类绿色食品的生产和管理中发挥作用。

【标准原文】

1　范围

　　本标准规定了绿色食品生产中兽药使用的术语和定义、基本原则、生产 AA 级和 A 级绿色食品的兽药使用原则。

　　本标准适用于绿色食品畜禽及其产品的生产与管理。

【内容解读】

　　本条款对标准的主要内容"绿色食品生产中兽药使用"进行了概述，即该标准实际内容构架为术语和定义、兽药使用基本原则、生产 AA 级绿色食品的兽药使用原则、生产 A 级绿色食品的兽药使用原则四部分，明确标准内容适合 A/AA 两级绿色食品。同时，本条款在对标准内容规定的基础上，明确界定了标准的适用范围为"绿色食品"而非"普通食品"的生产；明确指出该绿色食品为畜禽类食品的生产与管理，不适用于水生类和蜂蜜等其他动物食品的生产与管理。

【实际操作】

当 A/AA 级绿色食品生产过程中使用兽药时，必须执行《绿色食品　兽药使用准则》（NY/T 472—2013）的相关规定，包括允许使用的兽药种类、兽药质量、使用方法（剂量、途径、休药期等）、使用记录等，且坚决不能使用标准中列出的禁用兽药种类。

2.4　术语和定义

本部分主要针对标准文本中第 3 章"术语和定义"的相关内容进行了解读，以便绿色食品畜禽类产品产业链生产者能充分理解标准第 4、5、6 章中所提到的相关术语，真正掌握术语的内涵和外延，确保标准的正确使用。

【标准原文】

3.1

　　AA 级绿色食品　AA grade green food

　　产地环境质量应符合 NY/T 391 的要求，遵照绿色食品生产标准生产，生产过程中遵循自然规律和生态学原理，协调种植业和养殖业的平衡，不使用化学合成的肥料、农药、兽药、渔药、添加剂等物质，产品质量符合绿色食品产品标准，经专门机构许可使用绿色食品标志的产品。

【内容解读】

本定义明确指出 AA 级绿色食品产地环境质量应当符合 NY/T 391 的要求，并且按照 AA 级绿色食品生产标准要求进行生产。在生产过程中，更重视自然规律与生态学原理，不得使用化学合成的相关投入品。该定义范围广，也适用于 AA 级畜禽类绿色食品。

【实际操作】

　　（1）产地环境

　　产地环境质量应符合 NY/T 391 的要求。

　　（2）标准

　　应当符合绿色食品生产标准中对应的 AA 级绿色食品的要求。

（3）投入品

重视自然规律和生态学原理，不使用化学合成的肥料、农药、生长调节剂、兽药、饲料添加剂等相关投入品；允许使用非化学合成的投入品，如生物肥料、天然杀菌剂、天然色素等。

（4）产品质量

AA 级绿色食品的质量应当符合相应的绿色食品产品标准。

（5）绿色食品标志

经过了中国绿色食品发展中心指定的专门机构认定，并获得了绿色食品标志使用证书，在规定的时间和范围内进行使用。

【标准原文】

3.2

A 级绿色食品　A grade green food

产地环境质量符合 NY/T 391 的要求，遵照一定的绿色食品生产标准生产，生产过程中遵循自然规律和生态学原理，协调种植业和养殖业的平衡，严格按照绿色食品生产资料使用准则和生产操作规程要求，限量使用限定的化学合成生产资料，产品质量符合绿色食品产品标准，经专门机构许可使用绿色食品标志的产品。

【内容解读】

本定义明确指出，A 级绿色食品产地环境质量应当符合 NY/T 391 的要求。而且，按照对应的 A 级绿色食品生产标准要求进行生产。生产过程允许限量使用限定的化学合成生产资料，但是要严格按照绿色食品生产资料使用准则和生产操作规程要求进行使用。该定义范围广，也适用于 A 级畜禽类绿色食品。

【实际操作】

（1）产地环境

产地环境质量应符合 NY/T 391 的要求。

（2）标准

应当符合绿色食品生产标准中对应的 A 级绿色食品的要求。

（3）投入品

允许限量使用限定的化学合成生产资料。但是，要严格按照绿色食品生产资料使用准则和生产操作规程要求进行使用。即每一种允许使用的化学合成生产资料都应该在绿色食品生产资料目录内，并且按照限定的量进行，不能超范围和超量使用化学合成生产资料。

（4）产品质量

A 级绿色食品的质量应当符合相应的绿色食品产品标准的要求。

（5）绿色食品标志

经过了中国绿色食品发展中心指定的专门机构认定，并获得了绿色食品标志使用证书，在规定的时间和范围内进行使用。

【标准原文】

3.3

兽药　veterinary drug

用于预防、治疗、诊断动物疾病，或者有目的地调节动物生理机能的物质。包括化学药品、抗生素、中药材、中成药、生化药品、血清制品、疫苗、诊断制品、微生态制剂、放射性药品、外用杀虫剂和消毒剂等。

【内容解读】

本定义引用了我国《兽药管理条例》第九章第七十二条款的内容。核心内容是在畜禽类绿色食品生产中如何正确使用兽药，才能保证生产出来的产品是安全的。该定义目的是让畜禽类绿色食品生产者对兽药有更加清晰和全面的认识，以便有效识别兽药和科学使用兽药。

【标准原文】

3.4

微生态制剂　probiotics

运用微生态学原理，利用对宿主有益的微生物及其代谢产物，经特殊工艺将一种或多种微生物制成的制剂。包括植物乳杆菌、枯草芽孢杆菌、乳酸菌、双歧杆菌、肠球菌和酵母菌等。

【内容解读】

本标准的第 6.1.3 款提到了"微生态制剂"的使用原则。微生态制剂是近年新研制的在养殖过程中使用的预防类兽药。为便于畜禽类绿色食品生产者在生产实际中了解和识别该类药物，对其进行了定义和说明，指出该制剂是由微生物及其代谢产物制成的，且对使用对象是有益的，并列举了常用的菌株种类。

【标准原文】

3.5

消毒剂 disinfectant

用于杀灭传播媒介上病原微生物的制剂。

【内容解读】

本标准的第 6.1.4 款和第 6.2.3 款均提到了"消毒剂"的使用原则。为了杀灭病原微生物、提高养殖环境质量，在养殖生产过程中经常使用消毒剂。本定义明确了其消毒对象是传播媒介上的病原微生物。这里的传播媒介指的是空气、水、饲料、垫草、昆虫等，也包括动物本身。

【标准原文】

3.6

产蛋期 egg producing period

禽从产第一枚蛋至产蛋周期结束的持续时间。

【内容解读】

本标准的第 6.2.1 款和第 6.2.3 款均对"产蛋期"的兽药使用情况进行了特别的规定。在生产实际中，对蛋禽产蛋期的理解不尽相同。有时产蛋期的计算是从家禽正常开始产蛋时算起。本定义明确了家禽产蛋的时间周期，即从家禽开始产蛋（产第一枚蛋）就开始进入了产蛋期，使得生产者对产蛋周期的计算有更清晰的认识，以便在该时间内能严格按照相关规定合理使用兽药。

【标准原文】

3.7

泌乳期 duration of lactation

乳畜每一胎次开始泌乳到停止泌乳的持续时间。

【内容解读】

本标准的第 6.2.1 款对"泌乳期"的兽药使用情况进行了特别的规定。本定义明确了乳畜泌乳的时间周期，即从乳畜每一胎次开始泌乳，就进入了泌乳期，直到停止泌乳。这有助于生产者更加清楚泌乳周期的计算，以便在该时间内合理使用兽药。

【标准原文】

3.8

休药期　withdrawal time；withholding time

从畜禽停止用药到允许屠宰或其产品（乳、蛋）许可上市的间隔时间。

【内容解读】

本标准文本的第 6.1.2 条款中提到了"休药期"。为了使畜禽类绿色食品生产者理解休药期的含义以及制定休药期的必要性，特在术语和定义中加以描述和说明，使生产者能够正确地掌握休药的间隔时间，以避免供人食用的动物组织或产品中残留药物超标，从而确保人在食用了其组织或产品后不会危害人们的身体健康。由于农业部公告第 278 号使用的是"停药期"一词，与休药期含义相同。因此，本条款将其一并进行解释。但"休药期"一词更加科学，故标准正文中使用的是"休药期"。

【实际操作】

对于标准文本中规定的可用兽药，应按照农业部公告第 278 号执行休药期的规定。例如，甲砜霉素，其休药期为 28d，弃奶期为 7d。也就是说，畜禽停药到上市的间隔时间需 28d，才能保证上市畜禽产品中不含有甲砜霉素残留，或者虽然含有但不会影响人类健康；而产奶动物停药 7d 后才能生产出质量安全的奶。

休药期是依据兽药在可食性组织的残留浓度及其消除规律的实验数据来确定的。经数理统计，必须确保有 95% 的可信限使 99% 的残留都低于最高残留限量（MRL）。也就是说，临床用药后，有 95% 的把握可以保证 99% 的用药动物组织中药物残留均低于 MRL。

兽药进入动物体内，一般要经过吸收、代谢和排泄等过程，不会立即从体内消失。药物或其代谢产物以蓄积、贮存或其他方式保留在组织、器官或可食性产品（如蛋、奶）中，具有较高的浓度。在休药期间，动物组织中存在的具有毒理学意义的残留通过代谢，可逐渐消除，直至达到安全浓度，即低于"允许残留量"或完全消失。休药期是依据药物在动物体内的消除规律确定的，即按最大剂量、最长用药周期给药，停药后在不同的时间点屠宰，采集各个组织进行残留量的检测，直至在最后那个时间点采集的所有组织中均检测不出药物为止。当然，休药期随动物种属、药物种类、制剂形式、用药剂量、给药途径及组织中的分布情况等不同而有差异。经过休药期，暂时残留在动物体内的药物被分解至完全消失或对人体无害的浓度。由此可见，休药期的规定是为了减少或避免供人食用的动物源性食品中残留药物超量，保证食品安全。

由于休药期在保障食品安全中的重要作用，国家历来十分重视休药期的管理。自《兽药管理条例》颁布实施以来，农业部先后制定颁布了许多规章和兽药使用规范，建立了药物残留随机抽检机制，保证休药期的贯彻实施。2002 年，农业部再次对兽药残留限量标准进行了修订。全国药物残留专家委员会参照发达国家兽药休药期的规定，结合我国研究的结果，制定了我国 400 余种兽药的休药期。新修订的《兽药管理条例》再次强化了休药期管理在兽药管理中的突出地位，不仅规定了用药记录制度和休药期制度，而且增加了处罚措施。

在一般情况下，合理用药、遵守休药期规定，残留的兽药不会对人体造成危害。据美国食品药品管理局调查，未能正确遵守休药期是兽药残留超标的主要原因。有资料报道，在比较突出的饲用抗生素药物残留中，养殖环节未严格遵守休药期的占 76%。因此，严格执行兽药休药期是消除药残超标、保证食品安全的最基本的方法。

【标准原文】

3.9

执业兽医　licensed veterinarian

具备兽医相关技能，取得国家执业兽医统一考试或授权具有兽医执业资格，依法从事动物诊疗和动物保健等经营活动的人员，包括执业兽医师、执业助理兽医师和乡村兽医。

【内容解读】

本标准的第 4.2 条款提到了"应在执业兽医指导下使用兽药"的理念。做好合理使用兽药，首先要对疾病做出正确的诊断，其次要了解兽药相关知识以及国家有关兽药使用的相关规定。而执业兽医具备上述技能，依照国家相关规定取得兽医执业资格，才能依法从事动物诊疗和动物保健等经营活动，才可以有效保障畜禽养殖过程中兽药使用更加科学、规范。

鉴于执业兽医是近年来新型兽医管理制度下的产物，部分畜禽养殖业者对其不够了解，故在本条款中进行了解释说明，以便全面认识执业兽医在畜禽养殖过程中的作用。

【实际操作】

　　（1）执业兽医必须具备兽医相关技能，取得国家执业兽医统一考试或授权具有兽医执业资格

　　具有兽医、畜牧兽医、中兽医（民族兽医）专业大学专科以上学历的人员，可以参加执业兽医资格考试。考试内容包括兽医综合知识和临床技能两部分。考试学科包括动物解剖与组织胚胎学、动物生理学、动物生物化学、兽医药理学、兽医病理学、兽医微生物学与免疫学、兽医传染病学、兽医寄生虫学、兽医公共卫生学、兽医临床诊断学、兽医内科学、兽医外科与外科手术学、兽医产科学、中兽医学、兽医法律法规15门学科。

　　（2）执业兽医（包括执业兽医师、执业助理兽医师和乡村兽医）**必须依法从事动物诊疗和动物保健等经营活动**

　　取得执业兽医师资格证书，从事动物诊疗活动的，应当向注册机关申请兽医执业注册；取得执业助理兽医师资格证书，从事动物诊疗辅助活动的，应当向注册机关备案。其中，执业兽医师可以从事动物疾病的预防、诊断、治疗和开具处方、填写诊断书等活动，未经亲自诊断、治疗，不得开具处方药、填写诊断书；执业兽医应当按照国家有关规定合理用药，不得使用假劣兽药和农业部规定禁止使用的药品及其他化合物；执业兽医师发现可能与兽药使用有关的严重不良反应的，应当立即向所在地人民政府兽医主管部门报告。而执业助理兽医师可在执业兽医师指导下协助开展兽医执业活动，但不得开具处方、填写诊断书等。

2.5　基本原则

　　本章主要针对标准文本中第4章"兽药使用的基本原则"的相关内容进行了解读。该原则是 AA 级和 A 级畜禽类绿色食品生产与管理过程中兽药使用的通用要求，主要是对饲养管理、健康养殖原则与兽药来源、质量以及使用进行了说明和规定，是畜禽类绿色食品生产者在养殖过程中使用兽药时必须遵循的一般性原则。

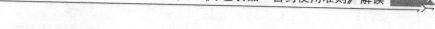

【标准原文】

4.1 生产者应供给动物充足的营养，应按照 NY/T 391 提供良好的饲养环境，加强饲养管理，采取各种措施以减少应激，增强动物自身的抗病力。

【内容解读】

本条款强调的是健康养殖。虽然与兽药使用不存在直接关系，但药物的作用是通过动物机体来表现的。因此，机体的功能状态与药物的作用有密切的关系。例如，化疗药物的作用与机体的免疫力、网状内皮系统的吞噬能力有着密切的关系，有些病原体的最后消除还要依靠机体的防御机制。所以，机体的健康状态对药物的效应可产生直接或间接的影响。另外，从提高畜禽饲养管理水平、增强畜禽自身抵抗力的角度出发，减少了畜禽养殖过程中兽药的使用，进而也避免了因兽药使用而带来的安全问题。因此，加强饲养管理，是畜禽养殖过程中均应该且必须强化的关键环节。畜禽类绿色食品生产者应该充分认识到其重要性，科学规范地饲养动物。

【实际操作】

（1）动物营养充足

生产者应供给动物"充足"的营养，即饲料营养要全面。如果营养不良，将会引起细胞饥饿、功能下降，继而造成免疫力降低，诱发各种疾病。因此，畜禽类绿色食品生产者应根据动物不同生长时期的需要合理调配日粮的成分，以免出现营养不良或营养过剩，切实保障动物的营养水平。

（2）饲养环境良好

必须严格按照《绿色食品 产地环境质量》（NY/T 391）中规定的内容提供良好的饲养环境。产地环境质量标准经过修订，已于 2013 年 12 月 13 日发布实施。标准从生态环境、空气质量、水质 3 个方面进行了规定和要求。

生态环境要求：绿色食品生产应选择生态环境良好、无污染的地区，远离工矿区和公路、铁路干线，避开污染源；应在绿色食品和常规生产区域之间设置有效的缓冲带或物理屏障，以防止绿色食品生产基地受到污染；应保证基地具有可持续生产能力，不对环境或周边其他生物产生污染。

空气质量要求：应符合表2-1的要求。

表2-1 空气质量要求（标准状态）

项目	指标		检测方法
	日平均[a]	1h[b]	
总悬浮颗粒物，mg/m³	≤0.30	—	GB/T 15432
二氧化硫，mg/m³	≤0.15	≤0.50	HJ 482
二氧化氮，mg/m³	≤0.08	≤0.20	HJ 479
氟化物，μg/m³	≤7	≤20	HJ 480

[a] 日平均指任何1d的平均指标。
[b] 1h指任何1h的指标。

畜禽养殖用水要求：应符合表2-2的要求。

表2-2 畜禽养殖用水要求

项目	指标	检测方法
色度[a]	≤15，并不应呈现其他异色	GB/T 5750.4
浑浊度[a]，NTU（散射浑浊度单位）	≤3	GB/T 5750.4
臭和味	不应有异臭、异味	GB/T 5750.4
肉眼可见物[a]	不应含有	GB/T 5750.4
pH	6.5~8.5	GB/T 5750.4
氟化物，mg/L	≤1.0	GB/T 5750.5
氰化物，mg/L	≤0.05	GB/T 5750.5
总砷，mg/L	≤0.05	GB/T 5750.6
总汞，mg/L	≤0.001	GB/T 5750.6
总镉，mg/L	≤0.01	GB/T 5750.6
六价铬，mg/L	≤0.05	GB/T 5750.6
总铅，mg/L	≤0.05	GB/T 5750.6
菌落总数[a]，CFU/mL	≤100	GB/T 5750.12
总大肠菌群，MPN/100mL	不得检出	GB/T 5750.12

[a]散养模式免测该指标。

(3) 饲养管理

加强饲养管理是预防所有动物传染病的前提条件。只有在良好的饲养管理下，才能保证畜禽处于最佳的生长状态，并具备良好的抗病能力。不同动物，饲养管理要求不同。畜禽类绿色食品生产者应根据饲养动物种类进行科学管理和饲养，应考虑动物群体的大小，防止密度过大。房舍的建设要注意通风、采光和动物活动的空间，为动物的健康生长创造较好的条件，以提高畜禽防病、抗病的能力，使药物的作用得到更好的发挥。

（4）减少应激

动物应激反应是动物机体对受到体内及外界环境变化刺激时的一种适应性反应。应激反应受多种因素刺激而产生，包括内在的遗传因素、生产繁殖因素、外界的环境因素等。这些应激因素刺激动物会给动物机体造成危害，如合成代谢减弱、饲料转化率降低、生产性能下降、免疫力减弱、过敏等。在养殖生产中，应采取有效的防治措施，减少或避免应激反应的发生。例如，优化种群结构、加强饲料营养调控、为动物创造良好的生活环境、把握各种动物的生理特点、做好预防接种等，均能有效减少和控制应激反应的发生，从而确保动物的健康生长。

（5）提高动物自身抗病力

正常健康的动物具有完善、强大的免疫系统，足以防御病原微生物入侵。因此，在养殖过程中应采取各种措施，使得动物机体自身具有较强的抗病力，并随时消灭入侵的病原微生物而健康生长。

【标准原文】

4.2　应按《中华人民共和国动物防疫法》的规定进行动物疾病的防治。在养殖过程中，尽量不用或少用药物；确需使用兽药时，应在执业兽医指导下进行。

【内容解读】

本条款强调畜禽类绿色食品生产过程中对疾病的防治应以预防为主，尽量不用或少用兽药。目的是减少或避免因使用兽药而带来食品安全问题。此外，与 2006 版不同的是，补充规定了兽药的使用必须经过执业兽医的指导，确保使用者具有正确诊断疾病和充分了解兽药相关知识的能力和水平，从而使得兽药的使用更加科学、规范，减少了因盲目使用兽药和违规使用兽药而导致的安全隐患。

【实际操作】

（1）依法防病原则

《中华人民共和国动物防疫法》的立法宗旨是预防、控制和扑灭动物疫病，促进养殖业发展，保护人体健康，维护社会公共卫生安全。它是我们在动物疫病防治方面必须遵守的法律。畜禽类绿色食品生产也不例外，必须按照《中华人民共和国动物防疫法》的规定进行动物疾病的防治。

（2）不用或少用药物原则

临床使用正常剂量的药物防治疾病时，也能产生多种药理效应。大多数药物在发挥治疗作用的同时，都存在程度不同的不良反应，包括副作用、毒性反应、变态反应、继发性反应和后遗效应。例如，氯霉素可抑制骨髓造血机能；氨基糖苷类有较强的肾毒性等；磺胺等与血浆蛋白或组织蛋白结合后形成全抗原，继而引起机体体液性或细胞性免疫反应等，会对动物本身产生毒害作用。随着目前兽药使用量和范围的不断扩大，其安全性问题不仅涉及动物，而且涉及与人类健康密切相关的公共卫生和环境污染问题。动物性食品中存在的药物残留不仅可以直接对人体产生急慢性毒副作用，引起细菌耐药性的增加；还可以通过环境和食物链间接对人类健康造成潜在危害，如毒性作用、过敏反应和变态反应、诱导耐药菌株产生、"三致"（致癌、致畸、致突变）作用。此外，兽药残留还对环境造成生态毒性。动物用药后，药物除了以原形或代谢物的形式残留在动物性食品中外，还有一部分随粪便、尿等排泄物排出。进入环境后，仍然具有活性，会对土壤微生物、水生生物及昆虫等造成影响。因此，作为安全水平更高的绿色食品，在畜禽养殖过程中应尽量不使用或少用兽药，减少由此带来的安全隐患。

（3）执业兽医指导用药原则

兽药合理使用，不仅能有效防治动物疾病，而且可有效降低对动物特别是对人类带来的危害。做好临床合理用药，必须做好以下几方面工作：

一是正确诊断。任何药物合理应用的先决条件是正确的诊断。没有对动物发病过程的认识，药物治疗便是无的放矢。不但没有好处，反而可能延误诊断，耽误了疾病的治疗。

二是用药要求明确的指征。要针对患畜禽的具体病情，选用药效可靠、安全、方便、价廉易得的药物制剂。反对滥用药物，尤其不能滥用抗菌药物。

三是了解所用药物在靶动物的药动学知识。根据药物的作用和在动物体内的药动学特点，制订科学的给药方案。药物治疗的错误包括用错药物，但更多的是剂量的错误。

四是预期药物的疗效和不良反应。

五是避免使用多种药物或固定剂量的联合用药。因为多种药物治疗极大地增加了药物相互作用的概率，也给患畜禽增加危险。

上述这些工作要求用药人员应具有兽医的相关技能，对药物相关知识有一定的了解。目前，由通过国家考试或授权的执业兽医具备兽医技能，了解国家有关兽药使用的管理和相关规定。通过执业兽医的用药指导，可在很大程度上提升临床合理用药的整体技术和水平。

【标准原文】

4.3 所用兽药应来自取得生产许可证和产品批准文号的生产企业，或者取得进口兽药登记许可证的供应商。

【内容解读】

本条款对兽药来源进行了规定和描述，即兽药必须来自合法的生产企业或者供应商。按照《兽药管理条例》的相关规定，取得兽药生产许可证和产品批准文号的生产企业才有资格生产兽药；而对于进口兽药必须具有登记许可证。也就是说，不满足这两点要求的兽药为非法所得兽药，不能用于畜禽类绿色食品的生产。

【实际操作】

购买使用具有生产许可证和产品批准文号的企业所生产的兽药，或者具有进口兽药登记许可证的供应商所提供的兽药。对于畜禽类绿色食品生产者，在购买兽药时，应核实其生产或供应单位的合法性，确保购买的兽药不是非法兽药；对于绿色食品监管部门，应定期对绿色食品生产企业所用兽药进行监督检查，确保生产者使用来源清楚、合法的兽药产品。

【标准原文】

4.4 兽药的质量应符合《中华人民共和国兽药典》、《兽药质量标准》、《兽用生物制品质量标准》、《进口兽药质量标准》的规定。

【内容解读】

本条款对兽药质量进行了规定和描述。兽药作为畜禽投入品，其质量高低不仅影响预防、治疗疾病的能力，更直接影响畜产品的质量。因此，兽药质量是保证畜产品质量安全的前提。目前，我国兽药质量控制依据有《中华人民共和国兽药典》、《兽药质量标准》、《兽用生物制品质量标准》和《进口兽药质量标准》。这些标准是我国兽药生产、经营、销售、使用和新兽药研究以及兽药检验、监督和规范化管理所共同遵循的法定的技术依据。因此，符合上述标准要求可有效保障兽药的质量。

【实际操作】

兽药质量必须合格。在我国，只有具备生产许可证并取得产品文号的兽药生产企业在符合兽药生产质量管理规范的条件下，生产出的符合质量标准的兽药才是合格兽药，其他均为不合格兽药。不合格兽药主要有假兽药、不达标兽药、更改标准的兽药和过期兽药。不合格兽药会降低或完全丧失兽药应有的预防、治疗和诊断畜禽疾病的功效，增加病死率、淘汰率，降低畜牧业产出。对于更改标准的兽药，属于非国家正式标准的兽药产品，缺少相应临床试验报告及环境安全检测数据，可能直接对畜禽安全及畜产品质量安全产生危害，并可能对人及环境产生危害，给社会公共安全带来隐患。

兽药质量的合格与否，消费者通常用肉眼和感官难以识别，必须经专业检测机构检测后才能得出结论。在生产实际中，可以关注农业部办公厅定期公布的全国兽药质量抽检数据，为购买使用合格兽药提供参考。

【标准原文】

4.5　兽药的使用应符合《兽药管理条例》和农业部公告第 278 号等有关规定，建立用药记录。

【内容解读】

本条款对兽药使用进行了规定和描述。畜禽类绿色食品生产者使用兽药必须符合国家相关法律法规以及农业部的相关规定。《兽药管理条例》是目前我国国务院发布的涵盖兽药使用的行政法规，而农业部公告第 278 号是农业部发布的有关兽药休药期的相关规定，生产者应严格遵守条例中所涉及的相关要求，在用药后适当休药，并确保科学、规范、合理地使用兽药。同时，强调做好用药记录，以便查询和追溯。

【实际操作】

（1）严格按照《兽药管理条例》中"第六章　兽药使用"的相关条款规范使用兽药

《兽药管理条例》要求，凡从事兽药的研制、生产、经营、进出口、使用和监督管理，应当遵守，并在第六章（第三十八条至第四十三条）对兽药使用进行了规定，其中前 4 个条款涉及兽药使用的相关内容。具体如下：

第三十八条 兽药使用单位，应当遵守国务院兽医行政管理部门制定的兽药安全使用规定，并建立用药记录。

第三十九条 禁止使用假、劣兽药以及国务院兽医行政管理部门规定禁止使用的药品和其他化合物。禁止使用的药品和其他化合物目录由国务院兽医行政管理部门制定公布。

第四十条 有休药期规定的兽药用于食用动物时，饲养者应当向购买者或者屠宰者提供准确、真实的用药记录；购买者或者屠宰者应当确保动物及其产品在用药期、休药期内不被用于食品消费。

第四十一条 国务院兽医行政管理部门，负责制定公布在饲料中允许添加的药物饲料添加剂品种目录。

禁止在饲料和动物饮用水中添加激素类药品和国务院兽医行政管理部门规定的其他禁用药品。

经批准可以在饲料中添加的兽药，应当由兽药生产企业制成药物饲料添加剂后方可添加。禁止将原料药直接添加到饲料及动物饮用水中或者直接饲喂动物。

禁止将人用药品用于动物。

(2) 畜禽类绿色食品上市前应严格按照表 2－3 所规定的休药期进行休药

表 2－3 所收录的兽药引自农业部公告第 278 号部分内容。但值得注意的是，该公告中部分兽药（黑体字），如氟喹诺酮类中的诺氟沙星、培氟沙星、氧氟沙星和洛美沙星，磺胺类药物的磺胺嘧啶、磺胺二甲嘧啶等，在畜禽类绿色食品生产中被禁止使用。因此，生产者应特别注意，对于可以使用的药物，才有必要执行休药期规定，以确保上市产品的质量安全。

表 2－3 休药期规定

序号	兽药名称	执行标准	休药期
1	**乙酰甲喹片**	**兽药规范 92 版**	**牛、猪 35d**
2	**二氢吡啶**	**部颁标准**	**牛、肉鸡 7d，弃奶期 7d**
3	二硝托胺预混剂	兽药典 2000 版	鸡 3d，产蛋期禁用
4	土霉素片	兽药典 2000 版	牛、羊、猪 7d，禽 5d，弃蛋期 2d，弃奶期 3d
5	土霉素注射液	部颁标准	牛、羊、猪 28d，弃奶期 7d

（续）

序号	兽药名称	执行标准	休药期
6	马杜霉素预混剂	部颁标准	鸡 5d，产蛋期禁用
7	**双甲脒溶液**	**兽药典 2000 版**	**牛、羊 21d，猪 8d，弃奶期 48h，禁用于产奶羊**
8	巴胺磷溶液	部颁标准	羊 14d
9	水杨酸钠注射液	兽药规范 65 版	牛 0d，弃奶期 48h
10	四环素片	兽药典 90 版	牛 12d、猪 10d、鸡 4d，产蛋期禁用，产奶期禁用
11	甲砜霉素片	部颁标准	28d，弃奶期 7d
12	甲砜霉素散	部颁标准	28d，弃奶期 7d，鱼 500 度 d
13	甲基前列腺素 F_{2a} 注射液	部颁标准	牛 1d，猪 1d，羊 1d
14	甲硝唑片	兽药典 2000 版	牛 28d
15	甲磺酸达氟沙星注射液	部颁标准	猪 25d
16	甲磺酸达氟沙星粉	部颁标准	鸡 5d，产蛋鸡禁用
17	甲磺酸达氟沙星溶液	部颁标准	鸡 5d，产蛋鸡禁用
18	**甲磺酸培氟沙星可溶性粉**	**部颁标准**	**28d，产蛋鸡禁用**
19	**甲磺酸培氟沙星注射液**	**部颁标准**	**28d，产蛋鸡禁用**
20	**甲磺酸培氟沙星颗粒**	**部颁标准**	**28d，产蛋鸡禁用**
21	亚硒酸钠维生素 E 注射液	兽药典 2000 版	牛、羊、猪 28d
22	亚硒酸钠维生素 E 预混剂	兽药典 2000 版	牛、羊、猪 28d
23	亚硫酸氢钠甲萘醌注射液	兽药典 2000 版	0d
24	伊维菌素注射液	兽药典 2000 版	牛、羊 35d，猪 28d，泌乳期禁用
25	吉他霉素片	兽药典 2000 版	猪、鸡 7d，产蛋期禁用
26	吉他霉素预混剂	部颁标准	猪、鸡 7d，产蛋期禁用
27	地西泮注射液	兽药典 2000 版	28d
28	地克珠利预混剂	部颁标准	鸡 5d，产蛋期禁用
29	地克珠利溶液	部颁标准	鸡 5d，产蛋期禁用
30	**地美硝唑预混剂**	**兽药典 2000 版**	**猪、鸡 28d，产蛋期禁用**
31	地塞米松磷酸钠注射液	兽药典 2000 版	牛、羊、猪 21d，弃奶期 3d
32	安乃近片	兽药典 2000 版	牛、羊、猪 28d，弃奶期 7d
33	安乃近注射液	兽药典 2000 版	牛、羊、猪 28d，弃奶期 7d
34	安钠咖注射液	兽药典 2000 版	牛、羊、猪 28d，弃奶期 7d

（续）

序号	兽药名称	执行标准	休药期
35	那西肽预混剂	部颁标准	鸡 7d，产蛋期禁用
36	吡喹酮片	兽药典 2000 版	28d，弃奶期 7d
37	芬苯哒唑片	兽药典 2000 版	牛、羊 21d，猪 3d，弃奶期 7d
38	芬苯哒唑粉（苯硫苯咪唑粉剂）	兽药典 2000 版	牛、羊 14d，猪 3d，弃奶期 5d
39	苄星邻氯青霉素注射液	部颁标准	牛 28d，产犊后 4d 禁用，泌乳期禁用
40	阿司匹林片	兽药典 2000 版	0d
41	阿苯达唑片	兽药典 2000 版	牛 14d，羊 4d，猪 7d，禽 4d，弃奶期 60h
42	阿莫西林可溶性粉	部颁标准	鸡 7d，产蛋鸡禁用
43	阿维菌素片	部颁标准	羊 35d，猪 28d，泌乳期禁用
44	阿维菌素注射液	部颁标准	羊 35d，猪 28d，泌乳期禁用
45	阿维菌素粉	部颁标准	羊 35d，猪 28d，泌乳期禁用
46	阿维菌素胶囊	部颁标准	羊 35d，猪 28d，泌乳期禁用
47	阿维菌素透皮溶液	部颁标准	牛、猪 42d，泌乳期禁用
48	乳酸环丙沙星可溶性粉	部颁标准	禽 8d，产蛋鸡禁用
49	乳酸环丙沙星注射液	部颁标准	牛 14d，猪 10d，禽 28d，弃奶期 84h
50	乳酸诺氟沙星可溶性粉	部颁标准	禽 8d，产蛋鸡禁用
51	注射用三氮脒	兽药典 2000 版	28d，弃奶期 7d
52	注射用苄星青霉素（注射用苄星青霉素 G）	兽药规范 78 版	牛、羊 4d，猪 5d，弃奶期 3d
53	注射用乳糖酸红霉素	兽药典 2000 版	牛 14d，羊 3d，猪 7d，弃奶期 3d
54	注射用苯巴比妥钠	兽药典 2000 版	28d，弃奶期 7d
55	注射用苯唑西林钠	兽药典 2000 版	牛、羊 14d，猪 5d，弃奶期 3d
56	注射用青霉素钠	兽药典 2000 版	0d，弃奶期 3d
57	注射用青霉素钾	兽药典 2000 版	0d，弃奶期 3d
58	注射用氨苄青霉素钠	兽药典 2000 版	牛 6d，猪 15d，弃奶期 48h
59	注射用盐酸土霉素	兽药典 2000 版	牛、羊、猪 8d，弃奶期 48h
60	注射用盐酸四环素	兽药典 2000 版	牛、羊、猪 8d，弃奶期 48h
61	注射用酒石酸泰乐菌素	部颁标准	牛 28d，猪 21d，弃奶期 96h
62	注射用喹嘧胺	兽药典 2000 版	28d，弃奶期 7d

（续）

序号	兽药名称	执行标准	休药期
63	注射用氯唑西林钠	兽药典 2000 版	牛 10d，弃奶期 2d
64	注射用硫酸双氢链霉素	兽药典 90 版	牛、羊、猪 18d，弃奶期 72h
65	注射用硫酸卡那霉素	兽药典 2000 版	28d，弃奶期 7d
66	注射用硫酸链霉素	兽药典 2000 版	牛、羊、猪 18d，弃奶期 72h
67	**环丙氨嗪预混剂（1%）**	**部颁标准**	**鸡 3d**
68	苯丙酸诺龙注射液	兽药典 2000 版	28d，弃奶期 7d
69	苯甲酸雌二醇注射液	兽药典 2000 版	28d，弃奶期 7d
70	复方水杨酸钠注射液	兽药规范 78 版	28d，弃奶期 7d
71	**复方甲苯咪唑粉**	**部颁标准**	**鳗 150 度 d**
72	复方阿莫西林粉	部颁标准	鸡 7d，产蛋期禁用
73	复方氨苄西林片	部颁标准	鸡 7d，产蛋期禁用
74	复方氨苄西林粉	部颁标准	鸡 7d，产蛋期禁用
75	复方氨基比林注射液	兽药典 2000 版	28d，弃奶期 7d
76	**复方磺胺对甲氧嘧啶片**	**兽药典 2000 版**	**28d，弃奶期 7d**
77	**复方磺胺对甲氧嘧啶钠注射液**	**兽药典 2000 版**	**28d，弃奶期 7d**
78	**复方磺胺甲□唑片**	**兽药典 2000 版**	**28d，弃奶期 7d**
79	复方磺胺氯哒嗪钠粉	部颁标准	猪 4d，鸡 2d，产蛋期禁用
80	**复方磺胺嘧啶钠注射液**	**兽药典 2000 版**	**牛、羊 12d，猪 20d，弃奶期 48h**
81	枸橼酸乙胺嗪片	兽药典 2000 版	28d，弃奶期 7d
82	枸橼酸哌嗪片	兽药典 2000 版	牛、羊 28d，猪 21d，禽 14d
83	氟苯尼考注射液	部颁标准	猪 14d，鸡 28d，鱼 375 度 d
84	氟苯尼考粉	部颁标准	猪 20d，鸡 5d，鱼 375 度 d
85	氟苯尼考溶液	部颁标准	鸡 5d，产蛋期禁用
86	**氟胺氰菊酯条**	**部颁标准**	**流蜜期禁用**
87	氢化可的松注射液	兽药典 2000 版	0d
88	氢溴酸东莨菪碱注射液	兽药典 2000 版	28d，弃奶期 7d
89	**洛克沙胂预混剂**	**部颁标准**	**5d，产蛋期禁用**
90	恩诺沙星片	兽药典 2000 版	鸡 8d，产蛋鸡禁用
91	恩诺沙星可溶性粉	部颁标准	鸡 8d，产蛋鸡禁用
92	恩诺沙星注射液	兽药典 2000 版	牛、羊 14d，猪 10d，兔 14d

（续）

序号	兽药名称	执行标准	休药期
93	恩诺沙星溶液	兽药典 2000 版	禽 8d，产蛋鸡禁用
94	氧阿苯达唑片	部颁标准	羊 4d
95	氧氟沙星片 58	部颁标准	28d，产蛋鸡禁用
96	氧氟沙星可溶性粉	部颁标准	28d，产蛋鸡禁用
97	氧氟沙星注射液	部颁标准	28d，弃奶期 7d，产蛋鸡禁用
98	氧氟沙星溶液（碱性）	部颁标准	28d，产蛋鸡禁用
99	氧氟沙星溶液（酸性）	部颁标准	28d，产蛋鸡禁用
100	氨苯胂酸预混剂	部颁标准	5d，产蛋鸡禁用
101	氨茶碱注射液	兽药典 2000 版	28d，弃奶期 7d
102	海南霉素钠预混剂	部颁标准	鸡 7d，产蛋期禁用
103	烟酸诺氟沙星可溶性粉	部颁标准	28d，产蛋鸡禁用
104	烟酸诺氟沙星注射液	部颁标准	28d
105	烟酸诺氟沙星溶液	部颁标准	28d，产蛋鸡禁用
106	盐酸二氟沙星片	部颁标准	鸡 1d
107	盐酸二氟沙星注射液	部颁标准	猪 45d
108	盐酸二氟沙星粉	部颁标准	鸡 1d
109	盐酸二氟沙星溶液	部颁标准	鸡 1d
110	盐酸大观霉素可溶性粉	兽药典 2000 版	鸡 5d，产蛋期禁用
111	盐酸左旋咪唑	兽药典 2000 版	牛 2d，羊 3d，猪 3d，禽 28d，泌乳期禁用
112	盐酸左旋咪唑注射液	兽药典 2000 版	牛 14d，羊 28d，猪 28d，泌乳期禁用
113	盐酸多西环素片	兽药典 2000 版	28d
114	盐酸异丙嗪片	兽药典 2000 版	28d
115	盐酸异丙嗪注射液	兽药典 2000 版	28d，弃奶期 7d
116	盐酸沙拉沙星可溶性粉	部颁标准	鸡 0d，产蛋期禁用
117	盐酸沙拉沙星注射液	部颁标准	猪 0d，鸡 0d，产蛋期禁用
118	盐酸沙拉沙星溶液	部颁标准	鸡 0d，产蛋期禁用
119	盐酸沙拉沙星片	部颁标准	鸡 0d，产蛋期禁用
120	盐酸林可霉素片	兽药典 2000 版	猪 6d
121	盐酸林可霉素注射液	兽药典 2000 版	猪 2d
122	盐酸环丙沙星、盐酸小檗碱预混剂	部颁标准	500 度日

（续）

序号	兽药名称	执行标准	休药期
123	盐酸环丙沙星可溶性粉	部颁标准	28d，产蛋鸡禁用
124	盐酸环丙沙星注射液	部颁标准	28d，产蛋鸡禁用
125	盐酸苯海拉明注射液	兽药典 2000 版	28d，弃奶期 7d
126	**盐酸洛美沙星片**	**部颁标准**	**28d，弃奶期 7d，产蛋鸡禁用**
127	**盐酸洛美沙星可溶性粉**	**部颁标准**	**28d，产蛋鸡禁用**
128	**盐酸洛美沙星注射液**	**部颁标准**	**28d，弃奶期 7d**
129	**盐酸氨丙啉、乙氧酰胺苯甲酯、磺胺喹噁啉预混剂**	**兽药典 2000 版**	**鸡 10d，产蛋鸡禁用**
130	**盐酸氨丙啉、乙氧酰胺苯甲酯预混剂**	**兽药典 2000 版**	**鸡 3d，产蛋期禁用**
131	盐酸氯丙嗪片	兽药典 2000 版	28d，弃奶期 7d
132	盐酸氯丙嗪注射液	兽药典 2000 版	28d，弃奶期 7d
133	**盐酸氯苯胍片**	**兽药典 2000 版**	**鸡 5d，兔 7d，产蛋期禁用**
134	**盐酸氯苯胍预混剂**	**兽药典 2000 版**	**鸡 5d，兔 7d，产蛋期禁用**
135	盐酸氯胺酮注射液	兽药典 2000 版	28d，弃奶期 7d
136	盐酸赛拉唑注射液	兽药典 2000 版	28d，弃奶期 7d
137	盐酸赛拉嗪注射液	兽药典 2000 版	牛、羊 14d，鹿 15d
138	**盐霉素钠预混剂**	**兽药典 2000 版**	**鸡 5d，产蛋期禁用**
139	**诺氟沙星、盐酸小檗碱预混剂**	**部颁标准**	**500 度日**
140	酒石酸吉他霉素可溶性粉	兽药典 2000 版	鸡 7d，产蛋期禁用
141	酒石酸泰乐菌素可溶性粉	兽药典 2000 版	鸡 1d，产蛋期禁用
142	维生素 B_{12} 注射液	兽药典 2000 版	0d
143	维生素 B_1 片	兽药典 2000 版	0d
144	维生素 B_1 注射液	兽药典 2000 版	0d
145	维生素 B_2 片	兽药典 2000 版	0d
146	维生素 B_2 注射液	兽药典 2000 版	0d
147	维生素 B_6 片	兽药典 2000 版	0d
148	维生素 B_6 注射液	兽药典 2000 版	0d
149	维生素 C 片	兽药典 2000 版	0d
150	维生素 C 注射液	兽药典 2000 版	0d

（续）

序号	兽药名称	执行标准	休药期
151	维生素 C 磷酸酯镁、盐酸环丙沙星预混剂	部颁标准	500 度日
152	维生素 D₃ 注射液	兽药典 2000 版	28d，弃奶期 7d
153	维生素 E 注射液	兽药典 2000 版	牛、羊、猪 28d
154	维生素 K₁ 注射液	兽药典 2000 版	0d
155	喹乙醇预混剂	兽药典 2000 版	猪 35d，禁用于禽、鱼、35kg 以上的猪
156	奥芬达唑片（苯亚砜哒唑）	兽药典 2000 版	牛、羊、猪 7d，产奶期禁用
157	普鲁卡因青霉素注射液	兽药典 2000 版	牛 10d，羊 9d，猪 7d，弃奶期 48h
158	**氯羟吡啶预混剂**	**兽药典 2000 版**	**鸡 5d，兔 5d，产蛋期禁用**
159	氯氰碘柳胺钠注射液	部颁标准	28d，弃奶期 28d
160	氯硝柳胺片	兽药典 2000 版	牛、羊 28d
161	**氰戊菊酯溶液**	**部颁标准**	**28d**
162	硝氯酚片	兽药典 2000 版	28d
163	硝碘酚腈注射液（克虫清）	部颁标准	羊 30d，弃奶期 5d
164	硫氰酸红霉素可溶性粉	兽药典 2000 版	鸡 3d，产蛋期禁用
165	硫酸卡那霉素注射液（单硫酸盐）	兽药典 2000 版	28d
166	硫酸安普霉素可溶性粉	部颁标准	猪 21d，鸡 7d，产蛋期禁用
167	**硫酸安普霉素预混剂**	**部颁标准**	**猪 21d**
168	硫酸庆大—小诺霉素注射液	部颁标准	猪、鸡 40d
169	硫酸庆大霉素注射液	兽药典 2000 版	猪 40d
170	硫酸黏菌素可溶性粉	部颁标准	7d，产蛋期禁用
171	**硫酸黏菌素预混剂**	**部颁标准**	**7d，产蛋期禁用**
172	硫酸新霉素可溶性粉	兽药典 2000 版	鸡 5d，火鸡 14d，产蛋期禁用
173	**越霉素 A 预混剂**	**部颁标准**	**猪 15d，鸡 3d，产蛋期禁用**
174	碘硝酚注射液	部颁标准	羊 90d，弃奶期 90d
175	碘醚柳胺混悬液	兽药典 2000 版	牛、羊 60d，泌乳期禁用
176	**精制马拉硫磷溶液**	**部颁标准**	**28d**

（续）

序号	兽药名称	执行标准	休药期
177	**精制敌百虫片**	**兽药规范 92 版**	**28d**
178	**蝇毒磷溶液**	**部颁标准**	**28d**
179	醋酸地塞米松片	兽药典 2000 版	马、牛 0d
180	醋酸泼尼松片	兽药典 2000 版	0d
181	醋酸氟孕酮阴道海绵	部颁标准	羊 30d，泌乳期禁用
182	醋酸氢化可的松注射液	兽药典 2000 版	0d
183	**磺胺二甲嘧啶片**	**兽药典 2000 版**	**牛 10d，猪 15d，禽 10d**
184	**磺胺二甲嘧啶钠注射液**	**兽药典 2000 版**	**28d**
185	**磺胺对甲氧嘧啶、二甲氧苄氨嘧啶片**	**兽药规范 92 版**	**28d**
186	磺胺对甲氧嘧啶、二甲氧苄氨嘧啶预混剂	兽药典 90 版	28d，产蛋期禁用
187	**磺胺对甲氧嘧啶片**	**兽药典 2000 版**	**28d**
188	**磺胺甲噁唑片**	**兽药典 2000 版**	**28d**
189	**磺胺间甲氧嘧啶片**	**兽药典 2000 版**	**28d**
190	**磺胺间甲氧嘧啶钠注射液**	**兽药典 2000 版**	**28d**
191	磺胺脒片	兽药典 2000 版	28d
192	**磺胺喹噁啉、二甲氧苄氨嘧啶预混剂**	**兽药典 2000 版**	**鸡 10d，产蛋期禁用**
193	磺胺喹噁啉钠可溶性粉	兽药典 2000 版	鸡 10d，产蛋期禁用
194	磺胺氯吡嗪钠可溶性粉	部颁标准	火鸡 4d，肉鸡 1d，产蛋期禁用
195	**磺胺嘧啶片**	**兽药典 2000 版**	**牛 28d**
196	**磺胺嘧啶钠注射液**	**兽药典 2000 版**	**牛 10d，羊 18d，猪 10d，弃奶期 3d**
197	**磺胺噻唑片**	**兽药典 2000 版**	**28d**
198	**磺胺噻唑钠注射液**	**兽药典 2000 版**	**28d**
199	磷酸左旋咪唑片	兽药典 90 版	牛 2d，羊 3d，猪 3d，禽 28d，泌乳期禁用
200	磷酸左旋咪唑注射液	兽药典 90 版	牛 14d，羊 28d，猪 28d，泌乳期禁用
201	磷酸哌嗪片（驱蛔灵片）	兽药典 2000 版	牛、羊 28d，猪 21d，禽 14d
202	**磷酸泰乐菌素预混剂**	**部颁标准**	**鸡、猪 5d**

注：引自农业部公告第 278 号。

2.6　生产 AA 级绿色食品的兽药使用原则

本章主要针对标准文本中第 5 章"生产 AA 级绿色食品的兽药使用原则"的相关内容进行解读。该原则是 AA 级畜禽类绿色食品生产与管理过程中兽药使用的特殊要求，是生产者在从事 AA 级畜禽类绿色食品生产过程中使用兽药时必须遵循的规定，也是绿色食品管理部门审查和监督的依据。

【标准原文】

5　按 GB/T 19630.1 的规定执行。

【内容解读】

本条款规定了在 AA 级畜禽类绿色食品生产过程中，兽药使用必须执行 GB/T 19630.1 的规定，也就是畜禽类有机食品的生产标准。AA 级的生产标准基本上等同于有机食品的生产标准，均是严格要求在生产过程中不使用化学合成的肥料、农药、兽药、饲料添加剂、食品添加剂和其他有害于环境和健康的物质，并且不允许使用基因工程技术。因此，作为 AA 级畜禽类绿色食品生产者，在兽药使用方面可参照 GB/T 19630.1 中的相关内容进行操作。一方面，简化了标准内容，使得标准内容清晰；另一方面，避免了标准之间相关内容的重复。

【实际操作】

生产 AA 级畜禽类绿色食品时，应按照 GB/T 19630.1 第 8 章畜禽养殖的相关内容合理、规范地使用兽药。GB/T 19630.1 第 8 章规定了畜禽养殖过程中可使用的兽药种类和禁用药物种类，具体如下：

第一，饲料中不应使用转基因（基因工程）生物或其产品。

第二，饲料中不应使用化学合成的生长促进剂，包括用于促进生长的抗生素、抗寄生虫药和激素。

第三，可在畜禽饲养场所使用表 2-4 中所列的消毒剂。消毒处理时，应将畜禽迁出处理区。

表 2-4　动物养殖允许使用的清洁剂和消毒剂（引自 GB/T 19630.1）

名称	使用条件
钾皂和钠皂	
水和蒸汽	
石灰水（氢氧化钙溶液）	
石灰（氧化钙）	
生石灰（氢氧化钙）	
次氯酸钠	用于消毒设施和设备
次氯酸钙	用于消毒设施和设备
二氧化氯	用于消毒设施和设备
高锰酸钾	可使用 0.1% 高锰酸钾溶液，以免腐蚀性过强
氢氧化钠	
氢氧化钾	
过氧化氢	仅限食品级，用作外部消毒剂。可作为消毒剂添加到家畜的饮水中
植物源制剂	
柠檬酸	
过乙酸	
蚁酸	
乳酸	
草酸	
异丙醇	
乙酸	
酒精	供消毒和杀菌用
碘（如碘酒）	作为清洁剂，应用热水冲洗；仅限非元素碘，体积百分含量不超过 5%
硝酸	用于牛奶设备清洁，不应与有机管理的畜禽或者土地接触
磷酸	用于牛奶设备清洁，不应与有机管理的畜禽或者土地接触
甲醛	用于消毒设施和设备
用于乳头清洁和消毒的产品	符合相关国家标准
碳酸钠	

　　第四，可采用植物源制剂、微量元素和中兽医、针灸、顺势治疗等疗法医治畜禽疾病。

第五，可使用疫苗预防接种，不应使用基因工程疫苗（国家强制免疫的疫苗除外）。

第六，不应使用抗生素或化学合成的兽药对畜禽进行预防性治疗。

第七，不应为了刺激畜禽生长而使用抗生素、化学合成的抗寄生虫药或其他生长促进剂。不应使用激素控制畜禽的生殖行为，但激素可在兽医监督下用于对个别动物进行疾病治疗。

2.7 生产 A 级绿色食品的兽药使用原则

本部分主要针对标准文本中第 5 章"生产 A 级绿色食品的兽药使用原则"的相关内容进行了解读。该原则是 A 级畜禽类绿色食品生产与管理过程中兽药使用的特殊要求，主要包括可使用的兽药种类和不应使用的药物种类两部分，是生产者在从事 A 级畜禽类绿色食品生产过程中使用兽药时必须遵循的规定，也是绿色食品管理部门审查和监督的依据。此外，本章内容主要采用禁用药物种类列举法的编制形式，为标准使用者提供参考。

【标准原文】

6.1 可使用的兽药种类

【内容解读】

由于国家批准兽药种类多，且每种药物制剂、剂型不同，其使用方法和使用剂量也存在较大差异，无法在标准文本中列出允许使用兽药的具体明细，但分类进行了要求和规定。

首先，提出了优先使用的兽药种类。一是优先考虑生产 AA 级绿色食品所规定的兽药；二是要考虑使用无残留或者是代谢消除快的兽药。具体限定为农业部公告第 235 号中无 MRLs 要求或第 278 号中无休药期要求的兽药。

其次，对于原标准中的微生态制剂、中药制剂和生物制品，考虑到国内外均未有这些兽药对动物源性绿色食品质量安全影响的报道，因此予以保留。

第三，消毒剂的使用也进行了限定，建议选取高效、低毒和对环境污染低的消毒剂，并规定了禁用的消毒剂。

最后，对于影响动物源性食品质量安全较高的抗菌药和抗寄生虫药，虽然没有具体的明细，但也进行了明确的规定。除了不应使用的药物种类中列出的兽用抗菌药和抗寄生虫药，其余均可使用。

【标准原文】

6.1.1　优先使用第 5 章中生产 AA 级绿色食品所规定的兽药。

【内容解读】

本条款目的是指导养殖者在选择兽药时，优先考虑生产 AA 级绿色食品所用的兽药。相对于 A 级绿色食品，AA 级绿色食品的安全水平更高，对兽药的种类和安全性等方面有更高的要求，可放心地用于 A 级畜禽类绿色食品的生产。

【实际操作】

生产 A 级畜禽类绿色食品时应按照第 5 章的要求，参照 GB/T 19630.1 第 8 条款畜禽养殖的相关内容合理、规范地使用兽药。GB/T 19630.1 第 8 条款规定了畜禽养殖过程中可使用的兽药主要是清洁剂和消毒剂，具体药物名称详见第 5 条款的解读。

【标准原文】

6.1.2　优先使用农业部公告第 235 号中无最高残留限量（MRLs）要求或农业部公告第 278 号中无休药期要求的兽药。

【内容解读】

本条款的目的是指导养殖者使用安全、高效、代谢快、无残留的兽药。

农业部公告第 235 号和第 278 号，分别提供了无最高残留限量要求的兽药和无休药期要求的兽药。选择、使用这些兽药，不仅可有效防治畜禽疾病，而且食品动物使用后不会因兽药残留问题对人体健康造成影响，实现了绿色食品质量安全的生产宗旨。

【实际操作】

（1）优先使用农业部公告第 235 号中无最高残留限量（MRLs）要求的兽药

农业部为加强兽药残留监控工作，保证动物性食品卫生安全，根据

《兽药管理条例》规定，于 2002 年 12 月 24 日发布实施《动物性食品中兽药最高残留限量》，即农业部公告第 235 号。其中，附录 1 是农业部批准使用，按质量标准、产品使用说明书规定用于食品动物，不需要制定最高残留限量的兽药。这批规定兽药共有 87 种，具体名称、所用动物种类及相关规定见表 2-5。

表 2-5 动物性食品允许使用、但不需要制定残留限量的药物

序号	药物名称	动物种类	其他规定
1	Acetylsalicylic acid 乙酰水杨酸	牛、猪、鸡	产奶牛禁用 产蛋鸡禁用
2	Aluminium hydroxide 氢氧化铝	所有食品动物	
3	Amitraz 双甲脒	牛、羊、猪	仅指肌肉中不需要限量
4	Amprolium 氨丙啉	家禽	仅作口服用
5	Apramycin 安普霉素	猪、兔 山羊 鸡	仅作口服用 产奶羊禁用 产蛋鸡禁用
6	Atropine 阿托品	所有食品动物	
7	Azamethiphos 甲基吡啶磷	鱼	
8	Betaine 甜菜碱	所有食品动物	
9	Bismuth subcarbonate 碱式碳酸铋	所有食品动物	仅作口服用
10	Bismuth subnitrate 碱式硝酸铋	所有食品动物	仅作口服用
11	Bismuth subnitrate 碱式硝酸铋	牛	仅乳房内注射用
12	Boric acid and borates 硼酸及其盐	所有食品动物	
13	Caffeine 咖啡因	所有食品动物	

（续）

序号	药物名称	动物种类	其他规定
14	Calcium borogluconate 硼葡萄糖酸钙	所有食品动物	
15	Calcium carbonate 碳酸钙	所有食品动物	
16	Calcium chloride 氯化钙	所有食品动物	
17	Calcium gluconate 葡萄糖酸钙	所有食品动物	
18	Calcium phosphate 磷酸钙	所有食品动物	
19	Calcium sulphate 硫酸钙	所有食品动物	
20	Calcium pantothenate 泛酸钙	所有食品动物	
21	Camphor 樟脑	所有食品动物	仅作外用
22	Chlorhexidine 氯己定	所有食品动物	仅作外用
23	Choline 胆碱	所有食品动物	
24	Cloprostenol 氯前列醇	牛、猪、马	
25	Decoquinate 癸氧喹酯	牛、山羊	仅口服用，产奶动物禁用
26	Diclazuril 地克珠利	山羊	羔羊口服用
27	Epinephrine 肾上腺素	所有食品动物	
28	Ergometrine maleata 马来酸麦角新碱	所有哺乳类食品动物	仅用于临产动物
29	Ethanol 乙醇	所有食品动物	仅作赋型剂用
30	Ferrous sulphate 硫酸亚铁	所有食品动物	
31	Flumethrin 氟氯苯氰菊酯	蜜蜂	蜂蜜

（续）

序号	药物名称	动物种类	其他规定
32	Folic acid 叶酸	所有食品动物	
33	Follicle stimulating hormone (natural FSH from all species and their synthetic analogues) 促卵泡激素（各种动物天然 FSH 及其化学合成类似物）	所有食品动物	
34	Formaldehyde 甲醛	所有食品动物	
35	Glutaraldehyde 戊二醛	所有食品动物	
36	Gonadotrophin releasing hormone 垂体促性腺激素释放激素	所有食品动物	
37	Human chorion gonadotrophin 绒促性素	所有食品动物	
38	Hydrochloric acid 盐酸	所有食品动物	仅作赋型剂用
39	Hydrocortisone 氢化可的松	所有食品动物	仅作外用
40	Hydrogen peroxide 过氧化氢	所有食品动物	
41	Iodine and iodine inorganic compounds including： 碘和碘无机化合物包括： ——Sodium and potassium-iodide 　碘化钠和钾 ——Sodium and potassium-iodate 　碘酸钠和钾	所有食品动物	
42	Iodophors including： 碘附包括： ——polyvinylpyrrolidone-iodine 　聚乙烯吡咯烷酮碘	所有食品动物	
43	Iodine organic compounds： 碘有机化合物： ——Iodoform 　碘仿	所有食品动物	

（续）

序号	药物名称	动物种类	其他规定
44	Iron dextran 右旋糖酐铁	所有食品动物	
45	Ketamine 氯胺酮	所有食品动物	
46	Lactic acid 乳酸	所有食品动物	
47	Lidocaine 利多卡因	马	仅作局部麻醉用
48	Luteinising hormone（natural LH from all species and their synthetic analogues） 促黄体激素（各种动物天然 FSH 及其化学合成类似物）	所有食品动物	
49	Magnesium chloride 氯化镁	所有食品动物	
50	Mannitol 甘露醇	所有食品动物	
51	Menadione 甲萘醌	所有食品动物	
52	Neostigmine 新斯的明	所有食品动物	
53	Oxytocin 缩宫素	所有食品动物	
54	Paracetamol 对乙酰氨基酚	猪	仅作口服用
55	Pepsin 胃蛋白酶	所有食品动物	
56	Phenol 苯酚	所有食品动物	
57	Piperazine 哌嗪	鸡	除蛋外所有组织
58	Polyethylene glycols（molecular weight ranging from 200 to 10 000） 聚乙二醇（分子量范围从 200 到 10 000）	所有食品动物	

（续）

序号	药物名称	动物种类	其他规定
59	Polysorbate 80 吐温—80	所有食品动物	
60	Praziquantel 吡喹酮	绵羊、马 山羊	仅用于非泌乳绵羊
61	Procaine 普鲁卡因	所有食品动物	
62	Pyrantel embonate 双羟萘酸噻嘧啶	马	
63	Salicylic acid 水杨酸	除鱼外所有食品动物	仅作外用
64	Sodium Bromide 溴化钠	所有哺乳类食品动物	仅作外用
65	Sodium chloride 氯化钠	所有食品动物	
66	Sodium pyrosulphite 焦亚硫酸钠	所有食品动物	
67	Sodium salicylate 水杨酸钠	除鱼外所有食品动物	仅作外用
68	Sodium selenite 亚硒酸钠	所有食品动物	
69	Sodium stearate 硬脂酸钠	所有食品动物	
70	Sodium thiosulphate 硫代硫酸钠	所有食品动物	
71	Sorbitan trioleate 脱水山梨醇三油酸酯（司盘 85）	所有食品动物	
72	Strychnine 士的宁	牛	仅作口服用，剂量最大为每千克体重 0.1mg
73	Sulfogaiacol 愈创木酚磺酸钾	所有食品动物	
74	Sulphur 硫黄	牛、猪、山羊 绵羊、马	
75	Tetracaine 丁卡因	所有食品动物	仅作麻醉剂用

（续）

序号	药物名称	动物种类	其他规定
76	Thiomersal 硫柳汞	所有食品动物	多剂量疫苗中作防腐剂使用，浓度最大不得超过 0.02％
77	Thiopental sodium 硫喷妥钠	所有食品动物	仅作静脉注射用
78	Vitamin A 维生素 A	所有食品动物	
79	Vitamin B_1 维生素 B_1	所有食品动物	
80	Vitamin B_{12} 维生素 B_{12}	所有食品动物	
81	Vitamin B_2 维生素 B_2	所有食品动物	
82	Vitamin B_6 维生素 B_6	所有食品动物	
83	Vitamin D 维生素 D	所有食品动物	
84	Vitamin E 维生素 E	所有食品动物	
85	Xylazine hydrochloride 盐酸塞拉嗪	牛、马	产奶动物禁用
86	Zinc oxide 氧化锌	所有食品动物	
87	Zinc sulphate 硫酸锌	所有食品动物	

（2）优先使用农业部公告第 278 号中无休药期要求的兽药

农业部为加强兽药使用管理，保证动物性产品质量安全，根据《兽药管理条例》规定，于 2003 年 5 月 22 日发布实施《停药期规定》，即农业部公告第 278 号。其中，附录 2 是部分不需制定休药期规定的兽药，共有 91 种，具体药物名称及其标准来源见表 2-6。

表 2-6　不需要制定休药期的兽药品种

序号	兽药名称	标准来源
1	乙酰胺注射液	兽药典 2000 版
2	二甲硅油	兽药典 2000 版
3	二巯丙磺钠注射液	兽药典 2000 版
4	三氯异氰脲酸粉	部颁标准
5	大黄碳酸氢钠片	兽药规范 92 版
6	山梨醇注射液	兽药典 2000 版
7	马来酸麦角新碱注射液	兽药典 2000 版
8	马来酸氯苯那敏片	兽药典 2000 版
9	马来酸氯苯那敏注射液	兽药典 2000 版
10	双氢氯噻嗪片	兽药规范 78 版
11	月苄三甲氯铵溶液	部颁标准
12	止血敏注射液	兽药规范 78 版
13	水杨酸软膏	兽药规范 65 版
14	丙酸睾酮注射液	兽药典 2000 版
15	右旋糖酐铁钴注射液（铁钴针注射液）	兽药规范 78 版
16	右旋糖酐 40 氯化钠注射液	兽药典 2000 版
17	右旋糖酐 40 葡萄糖注射液	兽药典 2000 版
18	右旋糖酐 70 氯化钠注射液	兽药典 2000 版
19	叶酸片	兽药典 2000 版
20	四环素醋酸可的松眼膏	兽药规范 78 版
21	对乙酰氨基酚片	兽药典 2000 版
22	对乙酰氨基酚注射液	兽药典 2000 版
23	尼可刹米注射液	兽药典 2000 版
24	甘露醇注射液	兽药典 2000 版
25	甲基硫酸新斯的明注射液	兽药规范 65 版
26	亚硝酸钠注射液	兽药典 2000 版
27	安络血注射液	兽药规范 92 版
28	次硝酸铋（碱式硝酸铋）	兽药典 2000 版
29	次碳酸铋（碱式碳酸铋）	兽药典 2000 版
30	呋塞米片	兽药典 2000 版
31	呋塞米注射液	兽药典 2000 版

（续）

序号	兽药名称	标准来源
32	辛氨乙甘酸溶液	部颁标准
33	乳酸钠注射液	兽药典 2000 版
34	注射用异戊巴比妥钠	兽药典 2000 版
35	注射用血促性素	兽药规范 92 版
36	注射用抗血促性素血清	部颁标准
37	注射用垂体促黄体素	兽药规范 78 版
38	注射用促黄体素释放激素 A2	部颁标准
39	注射用促黄体素释放激素 A3	部颁标准
40	注射用绒促性素	兽药典 2000 版
41	注射用硫代硫酸钠	兽药规范 65 版
42	注射用解磷定	兽药规范 65 版
43	苯扎溴铵溶液	兽药典 2000 版
44	青蒿琥酯片	部颁标准
45	鱼石脂软膏	兽药规范 78 版
46	复方氯化钠注射液	兽药典 2000 版
47	复方氯胺酮注射液	部颁标准
48	复方磺胺噻唑软膏	兽药规范 78 版
49	复合维生素 B 注射液	兽药规范 78 版
50	宫炎清溶液	部颁标准
51	枸橼酸钠注射液	兽药规范 92 版
52	毒毛花苷 K 注射液	兽药典 2000 版
53	氢氯噻嗪片	兽药典 2000 版
54	洋地黄毒甙注射液	兽药规范 78 版
55	浓氯化钠注射液	兽药典 2000 版
56	重酒石酸去甲肾上腺素注射液	兽药典 2000 版
57	烟酰胺片	兽药典 2000 版
58	烟酰胺注射液	兽药典 2000 版
59	烟酸片	兽药典 2000 版
60	盐酸大观霉素、盐酸林可霉素可溶性粉	兽药典 2000 版
61	盐酸利多卡因注射液	兽药典 2000 版
62	盐酸肾上腺素注射液	兽药规范 78 版

（续）

序号	兽药名称	标准来源
63	盐酸甜菜碱预混剂	部颁标准
64	盐酸麻黄碱注射液	兽药规范 78 版
65	萘普生注射液	兽药典 2000 版
66	酚磺乙胺注射液	兽药典 2000 版
67	黄体酮注射液	兽药典 2000 版
68	氯化胆碱溶液	部颁标准
69	氯化钙注射液	兽药典 2000 版
70	氯化钙葡萄糖注射液	兽药典 2000 版
71	氯化氨甲酰甲胆碱注射液	兽药典 2000 版
72	氯化钾注射液	兽药典 2000 版
73	氯化琥珀胆碱注射液	兽药典 2000 版
74	氯甲酚溶液	部颁标准
75	硫代硫酸钠注射液	兽药典 2000 版
76	硫酸新霉素软膏	兽药规范 78 版
77	硫酸镁注射液	兽药典 2000 版
78	葡萄糖酸钙注射液	兽药典 2000 版
79	溴化钙注射液	兽药规范 78 版
80	碘化钾片	兽药典 2000 版
81	碱式碳酸铋片	兽药典 2000 版
82	碳酸氢钠片	兽药典 2000 版
83	碳酸氢钠注射液	兽药典 2000 版
84	醋酸泼尼松眼膏	兽药典 2000 版
85	醋酸氟轻松软膏	兽药典 2000 版
86	硼葡萄糖酸钙注射液	部颁标准
87	输血用枸橼酸钠注射液	兽药规范 78 版
88	硝酸士的宁注射液	兽药典 2000 版
89	醋酸可的松注射液	兽药典 2000 版
90	碘解磷定注射液	兽药典 2000 版
91	中药及中药成分制剂、维生素类、微量元素类、兽用消毒剂、生物制品类 5 类产品（产品质量标准中有除外）	

【标准原文】

6.1.3 可使用国务院兽医行政管理部门批准的微生态制剂、中药制剂和生物制品。

【内容解读】

本条款规定，在畜禽类绿色食品生产中，可以使用微生态制剂、中药制剂和生物制品。但强调，这些兽药必须经过国务院兽医行政管理部门批准，方可在畜禽类绿色食品生产过程中用于疾病的预防和治疗。

【实际操作】

（1）可使用国家许可的微生态制剂

随着健康养殖理念的普及和推广，微生态制剂以其无毒害、无残留等优点，在畜禽养殖过程中得以推广应用。微生态制剂的作用包括以下几个方面：

一是维持畜禽体内外微生态系统平衡。畜禽肠道内生存有一定数量的微生物种群，并处于一定的动态平衡之中。当机体受到各种不良因素，如受饲料变化、环境温度变化以及长期使用抗生素等的影响，这种平衡就会失去，原有优势种群发生变化，造成畜禽机体抵抗力下降。服用微生态制剂后，可让有益微生物在肠道内大量增殖，通过产生代谢产物和类抗生素物质，降低肠道 pH；还可与有害微生物竞争养分，能起到抵御致病微生物产生和繁衍的作用，从而保持和恢复肠道内微生态系统的平衡。

二是能够合成机体所需的酶和维生素。某些微生态制剂在畜禽体内可产生各种消化酶，并合成多种维生素、氨基酸和促生长因子等，分泌活性物质，参与能量和维生素代谢，促进动物对饲料的利用。

三是具有拮抗和保护作用。有些有益微生物在畜禽肠道内迅速繁殖，能与病原微生物竞争肠内的定居部位，抑制病原微生物附着在肠细胞壁上，与病原微生物发生竞争性拮抗作用，从而保护肠道微生态系统的平衡。

四是增强机体免疫力。某些有益微生物能使畜禽机体免疫器官的发育加快，T.B. 淋巴细胞的数量增多，从而提高畜禽体液免疫与细胞免疫水平。

五是具有生物夺氧竞争作用。畜禽肠道内的正常微生物菌群以厌氧微生物为主，当某些好氧性有益微生物以孢子状态进入消化道后，迅速增

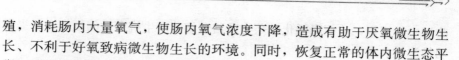

殖，消耗肠内大量氧气，使肠内氧气浓度下降，造成有助于厌氧微生物生长、不利于好氧致病微生物生长的环境。同时，恢复正常的体内微生态平衡，达到防病治病和促进生长的目的。

六是降低有害物质的产生。畜禽肠道内大肠杆菌等有害微生物活动增强时，会导致蛋白质转化为氨、胺和其他有害物质。由于微生态制剂能明显降低肠道中大肠杆菌、沙门氏菌等有害微生物的数量，从而减少氨及其他腐败物质的过多产生，使粪臭气减少。

另外，有益微生物能利用水环境中过多的有机物合成菌体物质，从而降低环境中氨氮、亚硝酸氮、硫化氢等有害物质含量，净化养殖水环境。

（2）可使用国家许可的中药制剂

中草药制剂具有纯天然性、低毒、无残留和不产生抗药性等优点，可改善畜禽产品品质和增强机体抗病力，在动物疾病预防和治疗中具有不可替代的优势。

一是中草药具有天然性。中草药来源于动物、植物或矿物，其本身为天然有机或无机化合物，仍保持着各种成分的自然状态和生物活性。因此，中草药用于动物疾病防治，在某种程度上与生物制剂类具有相似之处。一般认为，中药毒副作用小、无残留和不产生抗药性，是生产绿色畜产品的首选药物。

二是具有抗病促生长作用。在生物技术和现代药学理论的指导下，经体内试验证实，许多中草药对细菌和病毒病有治疗作用。体外试验证实，清热解毒类、补虚类和泻下类等单味药，盐粟散、白头翁汤和黄连解毒汤等方剂药，有明显抑制细菌繁殖的作用。其抗菌作用虽不及抗生素，但不会产生抗药性。因此，在治疗动物疾病方面具有一定的优势。近年来，国内外研究结果证实，黄酮、萜、挥发油、多糖以及维生素等多种中草药活性成分有明显的抗病毒作用。如黄芪多糖，对鸡传染性喉气管炎、马立克氏病和伪狂犬病病毒具有抑制作用。研究表明，中草药的抗病机理，一方面，可直接抑制细菌和病毒繁殖；另一方面，可通过调节机体免疫力，从而增强抗病力。大量研究结果显示，一些中草药及其方剂除具有明显的抑菌抗病毒作用外，还具有促生长作用。因此，近年来，中草药饲料添加剂在我国发展较为迅速。中草药的活性成分较为丰富，如含有蛋白质、氨基酸、维生素、油脂、树脂、糖类、植物色素、各种微量元素以及大量有机酸类、酶、生物碱、多糖、苷类、鞣质等。试验证实，这些物质是丰富的营养素，饲喂动物后会产生明显促生长作用。正因为中草药具有上述抗微生物和促生长作用，所以可以减少抗生素和其他化学合成药物在动物疾病防治中的用量，从而降低化学药物残留和细菌产生抗药性的概率，并提高动物源性食品品质。

三是能够改善动物源性食品的营养、口味和外观。中草药（如杜仲、枸杞、泡桐叶、松叶等）含有多种有机营养成分，如蛋白质、氨基酸、微量元素等。饲喂动物后，能改善机体蛋白质代谢，提高胴体蛋白含量，并调节脂肪代谢，从而改善动物源性食品营养结构。实践发现，集约化养殖的动物肉、蛋产品的风味比野生的或开放式养殖的动物产品的风味差，主要是因为饲料中缺乏 $C_3H_5-S(O)$ 基团、肌肉中的肌苷酸和亚麻油含量较少。这些物质来源于饲料中相关氨基酸，如天门冬氨酸、谷氨酸、苯丙氨酸、亮氨酸、缬氨酸、丝氨酸、组氨酸、蛋氨酸和异亮氨酸等。试验发现，在动物饲料中添加中草药杜仲、桑树叶、大蒜、紫苏、茴香、花椒等后，会改善饲料中上述营养物质的利用率，同时改善肉食品的香鲜度。另外，试验发现，如果在饲料中添加如人参茎叶、青蒿、苍术、益母草、艾叶、红花、松叶、姜黄等中药后，可提高动物源性食品中胡萝卜素、类胡萝卜素、叶黄素、玉米黄等着色物质的含量，从而改善肉品的色泽度。

四是可提高饲料利用率和转化率。富含蛋白质、有机酸、微量元素等的中草药作为饲料添加剂，可补充、完善、平衡饲料的营养成分，从而使饲料在动物机体中得到充分消化、吸收和利用，提高动物产品的数量和质量。如由何首乌、麦饭石、蛇床子等组成的中草药复合剂，对禽产蛋率、饲料转化率等生产性能均有显著的提高作用，经济效益明显。

五是可清除机体内的有害物质。据国内外科学家研究证明，有些中草药可在动物组织中利用化学结合、络合、改性等形式使有害物质变为无害物质，并有可能将这些物质通过排泄清除到体外。较常用的中药有甘草、氟石、山茶粕提取物糖萜素等。众所周知，胆固醇可引起人们心脑血管病，动物源性食品中含量较多，如鸡蛋中该物质含量可达 213mg/枚。有报道，许多中药中富含纤维素、木脂素、酚类、黄酮、异黄酮、植物固醇等，能直接破坏胆固醇在动物机体组织中的形成。有的中药可促进机体排泄胆固醇的能力，如杜仲、茶叶、葡萄、桉树和党参等。

(3) 可使用国家许可的生物制品

兽用生物制品是以天然或人工改造的微生物、寄生虫、生物毒素或生物组织及代谢产物为原材料，采用生物学、分子生物学和生物化学等相关技术制成的，其效价或安全性必须采用生物学方法检定的，用于动物传染病和其他有关疾病的预防、诊断和治疗的生物制剂。其包括疫（菌）苗、毒素、类毒素、免疫血清、血液制品、抗原、抗体、干扰素、合成肽、转移因子、微生态制剂等。

作为畜禽疾病预防控制的有力武器，兽用生物制品在畜牧业的发展中发挥着越来越重要的作用。作为一种特殊的兽药，其研究成果为动物与人类的健康、现代生物科学探索等领域做出了巨大贡献。例如，国内外疫病消灭史上，疫苗均是重要的防治工具。在我国养殖场所防疫条件较差、动物检疫监管工作相对薄弱的情况下，免疫预防更是当前必不可少乃至十分重要的技术手段。

但由于生物制品本身的特性和安全防护方面的漏洞，也会出现某些生物灾害，造成不应有的损失。概括起来，主要有相关实验研究人员的感染、病原微生物对环境的污染以及遗传性状不稳定。可以说，兽用生物制品从研制开发到产品的应用，甚至可以延伸到应用之后的一定时期，都存在着生物安全方面的因素与风险。兽用生物制品的生物安全直接影响动物和人类的健康，而动物的健康又会影响人类的健康。简而言之，兽用生物制品的生物安全问题直接或间接影响人类的生命健康安全。

因此，在畜禽养殖过程中，生产者可以使用生物制品，但必须使用国家兽医行政管理部门批准的生物制品，才能确保安全使用生物制品，达到有效防治、诊断动物疾病的目的。

【标准原文】

6.1.4 可使用高效、低毒和对环境污染低的消毒剂。

【内容解读】

本条款对消毒药的选用进行了限定。消毒药在防治动物疫病和保障畜牧业生产上是必不可少的常用兽药，彻底、规范的消毒是一种最有效、最方便的预防及控制疾病的手段。但从安全角度考虑，消毒药的刺激性、腐蚀性、对环境的污染等危害，不亚于其急性毒性。由于频繁使用消毒防腐药，对配制、操作等人员的健康以及动物性食品中药物残留对消费者的安全也会产生一定的影响。因此，为了有效保障畜禽类绿色食品的安全，生产者在使用消毒剂时，应从安全、高效的角度考虑，选用高效、低毒和对环境污染低的消毒剂，以避免由此导致的动物源性食品安全问题。

【实际操作】

目前，畜禽业应用较多的是化学消毒剂，主要分为卤素类（氯制剂、碘制剂、溴制剂）、醛类、酚类、醇类、氧化剂类、表面活性剂类和酸碱类等。其作用机理是改变微生物赖以生存的环境，致使微生物内外结构发生改变，主要代谢机能出现障碍，生长发育受阻，从而丧失活性、失去致病力。主要包括以下几个方面：一是使病原体蛋白质变性、发生沉淀。其作用特点是无选择性，可损害一切生活物质，故称为"一般原浆毒"。如酚类、醇类、醛类、重金属盐类等，此类消毒剂只适用于环境消毒。二是干扰或损害细菌生命必需的酶系统，影响菌体代谢。有些消毒剂通过氧化还原反应损害细菌酶的活性基因，或因化学结构与代谢相似，竞争或非竞争地与酶结合，抑制酶的活性，导致菌体的抑制或死亡。如重金属盐类、氧化剂和卤素类消毒剂。三是改变菌体细胞膜的通透性。某些消毒剂能降低病原体的表面张力、增加菌体胞浆膜的通透性，引起重要的酶和营养物质漏失，水渗入菌体，使菌体破裂或溶解。目前使用的双链季铵盐类消毒剂属于此类。消毒药的抗菌作用不仅取决于其理化性质，而且受许多有关因素的影响，如病原微生物类型、消毒药溶液的浓度和作用时间、温度、环境或组织的 pH 以及消毒环境中粪尿等有机物的存在等，均会影响消毒药的消毒效果。

各类消毒剂在预防性消毒、治疗疾病、改善环境和水质等方面起着重要作用，且各有其优缺点。

（1）卤素类消毒剂

氯制剂：主要对细菌、芽孢、病毒及真菌杀菌作用强，属高效广谱消毒剂；但其性质不稳定，药效持续时间较短，药物不易久存，且具有较强的刺激性和腐蚀性，长期使用会对环境造成严重的破坏。多用于畜禽栏舍、栏槽及车辆等的消毒。目前，在包装形式上有一元包装和二元包装等。二氯异氰尿酸钠使用方便，主要用于养殖场地喷洒消毒和浸泡消毒，也可用于饮水消毒，消毒力较强，可带畜、禽消毒。二氯异氰尿酸钠烟熏剂用于畜禽栏舍、饲养用具的消毒。三氯异氰脲酸是一种有机氯胺消毒剂，因其消毒作用强和毒性低，其应用范围已扩大到水产养殖等。此类消毒剂腐蚀性比较高，可能是由于其溶液偏酸性和有效氯浓度较高。养殖场常用的还有漂白粉，其杀菌作用快而强，价廉而有效，被广泛应用于栏舍、地面、粪池、排泄物、车辆、饮水等的消毒。

碘制剂：属于中效消毒剂，其稀溶液毒性低、无腐蚀性，但不稳定，须现用现配。一般用于手部和外科皮肤的消毒。聚维酮碘是目前畜禽养殖场常用的碘制剂之一，可杀死大部分细菌、真菌和病毒，在动物不同的生长阶段及工具、饲料等都可以应用。相比氯制剂、溴制剂、醛类消毒剂，其对动物的刺激性小、安全性高。聚碘树脂是将碘载于强碱性阴离子树脂上形成的一种接触型消毒剂，主要应用于饮用水的消毒。它能有效去除水中的细菌、病毒和寄生虫，具有消毒效果好、速度快、净化水质好、可以重复利用等优点。但也有资料表明，这种接触性消毒剂容易产生耐药性，需要轮换使用。

溴制剂：杀菌效力与氯制剂差不多，除藻性能好，但价格高。溴氯海因，作为近几年研究比较多的第二代卤素类消毒剂。研究显示，二溴海因具有良好的杀菌效果，性质稳定，属实际无毒物，无致微核作用，但对金属有腐蚀性。溴氯海因消毒泡腾片在水中能够通过不断释放出活性 Br^- 和 Cl^-，形成次溴酸和次氯酸，从而发挥作用。

（2）醛类消毒剂

该类消毒剂抗菌谱广、杀菌作用强，具有杀灭细胞、芽孢、真菌和病毒的作用；但对人畜有较强的刺激性，性质不稳定。多用于畜禽舍及环境消毒。

甲醛杀菌力强、广谱、对金属腐蚀性小、使用方便，常用于熏蒸消毒，但具有刺激性和毒性，包括靶器官毒性、神经毒性、免疫毒性、遗传毒性和生殖毒性等。癸甲溴铵戊二醛对革兰氏阳性菌和革兰氏阴性菌均有杀灭作用。邻苯二甲醛属于高效消毒剂，具有气味小、稳定性高、刺激性低、不易挥发、基本无腐蚀性、使用含量小、无毒性和杀菌速度快等特点。

（3）酚类消毒剂

属中效消毒剂，因其 pH 低，易受碱性有机物质的影响。对环境有污染，具有刺激性气味，对人和畜禽机体的黏膜系统有刺激性。而且，具有气味滞留性，对人和畜禽具有很强的毒性。一般只用于畜禽空圈舍的消毒，不宜用做养殖期间消毒，其杀菌效果也较差。

（4）氧化剂类消毒剂

多用于环境消毒，如畜禽栏舍、饲槽、用具、车辆、地面及墙壁的消毒，特别是在低温环境下仍有很好的杀菌效果。消毒后在物品上不留有残余毒性，但化学性质不稳定，应现配现用。因其具有强氧化性，高浓度时可刺激、损害皮肤黏膜、腐蚀物品，长期使用对人和动物眼睛、呼吸道黏膜、环境有强力的破坏。影响该类消毒剂活性的关键是时间和浓度，温度无显著影响。在酸性环境下能很好地发挥药效，是一类广谱、高效的消毒剂。特别适用于饮水消毒。

过氧乙酸兼具酸和氧化剂特性，是一种高效杀菌剂。其气体和溶液均具有较强的杀菌作用，并较一般的酸或氧化剂作用强。作用产生快，能杀死细菌、真菌、病毒和芽孢。在低温下，仍有杀菌和抗芽孢能力。主要用于厩舍、器具等消毒，腐蚀性强，有漂白作用。稀溶液对呼吸道和眼结膜有刺激性，浓度较高的溶液对皮肤有强烈的刺激性。

（5）醇类消毒剂

醇类是使用较早的一类消毒剂，属中效消毒剂。性质稳定，作用迅速，易挥发，对皮肤、黏膜刺激性小。常用于手部、皮肤等的消毒。其缺点是不能杀死细菌、芽孢，受有机物影响大，抗菌有效浓度较高。

常用的是乙醇。乙醇是临床上使用最广泛，也是较好的一种皮肤消毒药。能杀死繁殖型细菌，对结核分枝杆菌、有脂囊膜病毒也有杀灭作用，但对细菌、芽孢无效；乙醇可使细菌胞浆脱水，并进入蛋白肽链的空隙破坏构型，使菌体蛋白变性和沉淀；乙醇可溶解类脂质，不仅易渗入菌体破坏其细胞膜，而且能溶解动物的皮脂分泌物，从而发挥机械性除菌作用。

（6）表面活性剂类消毒剂

表面活性剂类消毒剂具有稳定、副作用小等特点，但对无膜病毒（如口蹄疫病毒、水泡病病毒）无效，属低效消毒剂，不能用于疫病流行时的消毒。

季铵盐类为最常用的阳离子表面活性剂，可杀灭大多数种类的繁殖型细菌、真菌以及部分病毒，不能杀灭芽孢、结核杆菌和绿脓杆菌。季铵盐类处于溶液状态时，可解离出季铵盐阳离子，后者可与细菌的膜磷脂中带负电荷的磷酸基结合，低浓度呈抑菌作用，高浓度呈杀菌作用。对革兰氏阳性菌的作用比对革兰氏阴性菌的作用强。杀菌作用迅速、刺激性很弱、毒性低，不腐蚀金属和橡胶，但杀菌效果受有机物影响较大，故不适用于厩舍和环境消毒。在消毒器具前，应先机械清除其表面的有机物。阳离子表面活性剂不能与阴离子表面活性剂同时使用。代表药物有苯扎溴铵（新洁尔灭）和氯己定。

（7）酸碱类消毒剂

畜禽养殖场常用此类消毒剂。例如，醋酸用于空气熏蒸消毒，可带畜、禽消毒；氢氧化钠主要用于场地、栏舍等消毒，对病毒、繁殖型细菌和芽孢有杀灭作用；生石灰具有强碱性，但水溶性小、解离出来的氢氧根离子不多、消毒作用不强，其最大的特点是价廉易得，用于涂刷墙体、栏舍、地面等，或直接加石灰于被消毒的液体中，或洒在阴湿地面、粪池周围及污水沟等处消毒。

（8）生物消毒剂

中药消毒剂：目前，中药在消毒剂中早已获得应用。植物中的抗菌有效成分主要为香精油，很多研究报道了有关植物中精油的杀菌效果。这类产品对畜体的亲和力好、无刺激性、稳定性好等，具有很大的开发潜力；但其杀菌活性较许多化学消毒剂差。中药消毒剂主要以祛湿、清热等为法则，以芳香化湿、清热解毒一类中药为主。

生物酶类消毒剂：近几年发展起来的产品，可快速祛除脓血、油污、淀粉等污垢，同时具有消毒功效，生物降解好，不会造成任何环境污染。目前，在消毒领域研究和应用比较活跃的主要有溶菌酶和重组溶葡萄球菌酶。

抗菌肽：对革兰氏阳性菌和革兰氏阴性菌均存在较强的杀伤作用，对部分真菌、原虫和病毒也具有明显杀伤作用。

生物消毒剂受到抗菌效果及价格等方面的限制，目前其应用尚不能完全取代化学消毒剂。但添加生物消毒剂可减少化学消毒剂的用量，提高使用安全性。

【标准原文】

6.1.5 可使用附录 A 以外且国家许可的抗菌药、抗寄生虫药及其他兽药。

【内容解读】

本条款对抗菌药、抗寄生虫药等兽药使用进行了限定。在畜禽养殖过程中使用的兽药种类很多，其中，残留毒理学意义较重要的药物包括抗生素类、合成抗菌素类、抗寄生虫药、生长促进剂和杀虫剂，由其导致的兽药残留而引发的动物源性食品安全问题较为突出。此外，鉴于上述几类兽药种类多、剂型多，且临床上商品化产品繁杂，不适于在标准文本中一一列出，故标准采用禁用药物种类列举法的编制形式。即附录 A 是为标准使用者提供了不应使用的抗菌药、抗寄生虫药等兽药名录，畜禽类绿色食品生产者可以使用附录 A 以外的抗菌药、抗寄生虫药及其他兽药。当然，这些兽药必须经过国家批准方可使用。

【标准原文】

6.2 不应使用药物种类

【内容解读】

采用详细列举禁用药物种类的编制体例。本条款明确规定了畜禽类绿色食品生产者在养殖过程中不应使用的药物。

　　首先，本着与国家现行法规相一致的原则，本标准在原有基础上补充了国家对禁用药物的规定，即在 NY/T 472—2006 仅包含《食品动物禁用的兽药及其他化合物清单》（农业部公告第 193 号）和《禁止在饲料和动物饮用水中使用的药物品种目录》（农业部、卫生部、国家药品监督管理局公告第 176 号）外，又根据《禁止在饲料和动物饮水中使用的物质》（农业部公告第 1519 号）中规定的药物，以及《兽药地方标准废止目录》（农业部公告第 560 号），如卡巴氧因安全性问题，会影响我国动物性食品安全、公共卫生以及动物性食品出口；金刚烷胺类等人用抗病毒药移植兽用，缺乏科学规范、安全有效试验数据，用于动物病毒性疫病不但给动物疫病控制带来不良后果，而且影响国家动物疫病防控政策的实施，增加了部分禁用药物名单（具体见表 2-7）。

表 2-7　《绿色食品　兽药使用准则》与国家有关不准使用药物的比较

序号	药物种类		不应使用的药物数量		不同的药物名称和数量	
			国家规定	绿色食品规定	数量	药物名称
1	β-受体激动剂类		15	15	0	
2	激素类	性激素类	2	2	0	
		具雌激素样作用的物质	3	3	0	
3	催眠、镇静类		3	3	0	
4	抗菌药类	氨苯砜	1	1	0	
		酰胺醇类	1	1	0	
		硝基呋喃类	3	5	2	呋喃西林、呋喃妥因
		硝基化合物	2	2	0	
		磺胺类及其增效剂	0	9	9	磺胺噻唑、磺胺嘧啶、磺胺二甲嘧啶、磺胺甲噁唑、磺胺对甲氧嘧啶、磺胺间甲氧嘧啶、磺胺地索辛、磺胺喹噁啉、三甲氧苄氨嘧啶
		喹诺酮类	0	4	4	诺氟沙星、氧氟沙星、培氟沙星和洛美沙星
		喹噁啉类	1	4	3	喹乙醇、喹烯酮和乙酰甲喹
		抗生素滤渣	1	1	0	

（续）

序号	药物种类		不应使用的药物数量		不同的药物名称和数量	
			国家规定	绿色食品规定	数量	药物名称
5	抗寄生虫类	苯并咪唑类	0	8	8	噻苯咪唑、阿苯咪唑、甲苯咪唑、硫苯咪唑、磺苯咪唑、丁苯咪唑、丙氧苯咪唑、丙噻苯咪唑
		抗球虫类	0	3	3	二氯二甲吡啶酚、氨丙啉、氯苯胍
		硝基咪唑类	2	3	1	替硝唑
		氨基甲酸酯类	1	2	1	甲奈威
		有机氯杀虫剂	2	4	2	六六六、滴滴涕
		有机磷杀虫剂	0	9	9	敌百虫、敌敌畏、皮蝇磷、氧硫磷、二嗪农、倍硫磷、毒死蜱、蝇毒磷、马拉硫磷
		其他杀虫剂	10	10	0	
6	抗病毒类药物		5	5	0	
7	有机胂制剂		0	2	2	洛克沙胂和氨苯胂酸
	合计		52	96	44	

其次，考虑到质量安全较高的绿色食品不同于普通食品和无公害食品，在养殖过程中部分国家许可使用但对动物源性绿色食品质量安全影响较大的抗菌、抗寄生虫及有机胂制剂等兽药，也禁止使用。主要包括：

抗菌药物：2 种硝基呋喃类药物（呋喃西林、呋喃妥因）、8 种磺胺类药物（磺胺噻唑、磺胺嘧啶、磺胺二甲嘧啶、磺胺甲噁唑、磺胺对甲氧嘧啶、磺胺间甲氧嘧啶、磺胺地索辛、磺胺喹噁啉）、三甲氧苄氨嘧啶、4 种喹诺酮类药物（诺氟沙星、氧氟沙星、培氟沙星和洛美沙星）以及 3 种喹噁啉类药物（喹乙醇、喹烯酮和乙酰甲喹）。

抗寄生虫类药物：8 种苯并咪唑类（噻苯咪唑、阿苯咪唑、甲苯咪唑、硫苯咪唑、磺苯咪唑、丁苯咪唑、丙氧苯咪唑、丙噻苯咪唑）、3 种抗球虫类药物（二氯二甲吡啶酚、氨丙啉、氯苯胍）、1 种硝基咪唑类药物（替硝唑）、1 种氨基甲酸酯类药物（甲奈威）、2 种有机氯杀虫剂（六六六、滴滴涕）、9 种有机磷杀虫剂（敌百虫、敌敌畏、皮蝇磷、氧硫磷、二嗪农、倍硫磷、毒死蜱、蝇毒磷、马拉硫磷）。

有机胂制剂：洛克沙胂和氨苯胂酸 2 种。

通过对 7 大类 21 小类药物的比较分析发现，与国家规定的禁用药物种类和数量相比，本标准对其中 10 小类药物的规定与国家规定相同，而对其他 11 小类药物的规定要严于国家相关规定。其中，国家规定的不应使用药物总计有 52 种药物，而本标准在遵循国家规定的基础上，又增加了 44 种药物，共计 96 种药物，一并作为绿色食品畜禽养殖过程中不应使用的药物，具体见表 2-7。

第三，近年来，随着我国人民生活水平的不断提高，对鸡蛋、牛奶等的消费需求也日益增加，同时对于影响牛奶、鸡蛋质量安全的兽药残留问题也日益关注。为了避免鸡蛋和牛奶中药物残留问题的出现，标准还专门根据农业部公告第 278 号，在附录 B 中明确了产蛋期和产奶期不应使用的兽药，更便于绿色食品养殖企业正确使用兽药，增加了标准的适用性。

第四，虽然国家允许使用药物饲料添加剂，但考虑到耐药性及残留问题，与无公害食品生产不同的是，在动物源性绿色食品生产中也规定不应使用，进一步确保了绿色食品的质量安全。

其他关于不应使用的药物种类与 NY/T 472—2006 标准的规定相同。

【标准原文】

6.2.1　不应使用附录 A 中的药物以及国家规定的其他禁止在畜禽养殖过程中使用的药物；产蛋期和泌乳期还不应使用附录 B 中的兽药。

【内容解读】

本条款是确定禁用药物的种类。编制原则为：首先，遵循国家的相关规定；其次，筛选出对动物性食品安全影响较大的限用兽药，以保障 A 级绿色食品安全水平高于普通食品。

【实际操作】

（1）不应使用附录 A 中的药物

包括β-受体激动剂类、激素类、催眠镇静类、抗菌药类、抗寄生虫类、抗病毒类药物和有机胂制剂。

①不应使用β-受体激动剂类药物，即克仑特罗（clenbuterol，CL）、沙丁胺醇（salbutamol）、莱克多巴胺（ractopamine）、西马特罗（cimaterol）、特布他林（terbutaline）、多巴胺（dopamine）、班布特罗（bambuterol）、齐帕特罗（zilpaterol）、氯丙那林（clorprenaline）、马布特罗（mabuterol）、西布特罗（cimbuterol）、溴布特罗（brombuterol）、阿福特罗（arformoterol）、福莫特罗（formoterol）、苯乙醇胺 A（phenylethanolamine A）及其盐、酯及制剂，不能用于所有用途。

20 世纪 70 年代，美国氰胺公司通过一系列动物试验证明，当 CL 添加到饲料中的药量超过推荐治疗剂量的 5～10 倍时（＞5 μg/kg 饲料）就达到"同化剂量"，能使多种动物（牛、猪、羊、家禽）体内的营养成分由脂肪组织向肌肉组织转移，称为"再分配效应"，从而使体内的脂肪分解代谢增强、蛋白质合成增加，显著提高酮体的瘦肉率和饲料转化率（Dalidowicz，1984；Nelson，1987；Malucelli，1994）。研究表明，不同 β_2-兴奋剂在很多动物种类如牛、羊、猪、禽中使用都能明显地提高饲料转化率和增加瘦肉率（Ricks，1984；Dalrymple，1984；Jones，1985；Allen，1987；Hanrahan，1987），但以 CL 的使用最为广泛。

20 世纪 80 年代以来，CL 被大量非法用于畜牧生产，以促进家畜生长和改善品质。在饲料中添加一定量的 CL，可使动物瘦肉率增加 9%～16%，骨骼肌脂肪降低 8%～15%，从而改善肉的品质。同时，饲料转换率、瘦肉率提高 10% 以上，所以又将其称之为"生长促进剂"和"营养重分剂"。由于 CL 作为饲料添加剂使用时，剂量通常超过 5mg/kg，成为导致畜禽中毒和动物性食品残留的主要原因。

虽然 CL 残留的毒性作用为轻度的，但长期食用含有 CL 的猪肉和内脏会引起人体心血管系统和神经系统的疾病。

②不应使用激素类药物，包括性激素类药物和具雌激素样作用的物质。其中，性激素类药物有己烯雌酚（diethylstilbestrol）、己烷雌酚（hexestrol）及其盐、酯及制剂，不能用于所有用途；而甲基睾丸酮（methyltestosterone）、丙酸睾酮（testosterone propionate）、苯丙酸诺龙（nandrolone phenylpropionate）、雌二醇（estradiol）、戊酸雌二醇（estradiol valcrate）、苯甲酸雌二醇（estradiol benzoate）及其盐、酯及制剂，不能用于促生长。具雌激素样作用的物质包括玉米赤霉醇类药物（zeranol）、去甲雄三烯醇酮（trenbolone）、醋酸甲孕酮（mengestrol acetate）及制剂，不能用于所有用途。

在畜牧业生产中，激素类药物能增强动物体内物质沉积和改善动物生产性能，产生显著且直接的经济效益，故对生产者有很大的吸引力。然而，人类长期摄入激素类药物会导致机体代谢紊乱，发育异常或肿瘤。因此，就其本身危害和对消费者的潜在危害引起广泛关注，欧盟等许多国家提出禁用的规定，我国也不例外。而且，激素类药物常与抗生素并列为残留检测领域最重要的药物。

③不应使用催眠镇静类药物，包括安眠酮（methaqualone）及制剂，氯丙嗪（chlorpromazine）、地西泮（安定，diazepam）及其盐、酯及制剂。镇静剂类兽药可以通过饲料（用作饲料添加剂）和饮用水（预防疾病或作为添加剂）等多种途径进入动物体内，具有使动物嗜睡少动、促进生长、减少出栏日、降低饲养成本等作用。近年来，个别畜牧业饲养者因经济利益的驱使，擅自在畜禽饲养过程中添加此类药物以起到镇静催眠、增重催肥、缩短出栏时间的作用；另外，在动物运输过程中，为减少动物死亡和体重下降，防止肉品质降低，也常使用此类药物以减少应激带来的损失。但是，由于此类药物具有的潜在危害，非法使用此类药物会使其原形和代谢产物不可避免地残留于动物源食品中，人们食用了这些食品后会对人体中枢神经系统等造成不良影响。因此，许多国家都将此类药物列为禁用药物。

安眠酮（methaqualone）及制剂：不能用于所有用途。安眠酮又名甲喹酮、海米那，具有镇静、催眠作用。临床上，主要用于动物过度兴奋或惊厥，可使机体平静。但该药副作用较大，人误食了含有此药的动物产品，会表现出恶心、呕吐、头晕、无力，四肢及口舌麻木，个别较重患者有短时间的精神失常。过量中毒，可出现昏迷、视神经乳头水肿、心跳过速、呼吸抑制等症状。久吃含有此药的肉类，人体可产生耐药性。

氯丙嗪（chlorpromazine）及其盐、酯及制剂：不能用于促生长。氯丙嗪在动物组织中残留，人食后头脑不清醒，出现一系列的生理变化，表现为嗜睡等。而且，一旦不吃，还会导致人兴奋等。高剂量的氯丙嗪可与胰岛素相互作用，使其功能丧失，可引发高血糖症。研究表明，氯丙嗪与其他药物同时服用时可能导致中毒。氯丙嗪还具有"三致"作用。此外，氯丙嗪容易渗入细胞膜脂质层中，并大量积累。国内外对氯丙嗪引起的过敏性皮炎已有多次报道。有资料表明，角膜和晶状体中氯丙嗪沉积是长期服用氯丙嗪而引发的一种并发症。氯丙嗪还具有一定的光毒性和光敏性，可以引起皮肤光敏性损害。

地西泮（安定，diazepam）及其盐、酯及制剂：不能用于促生长。地西泮能使人中毒的主要原因是抑制中枢神经系统，症状主要表现为嗜睡、肌肉软弱、易被唤醒，大量服用可无先兆地突然进入昏迷或昏睡状态，血

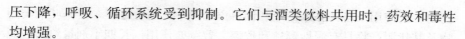

压下降，呼吸、循环系统受到抑制。它们与酒类饮料共用时，药效和毒性均增强。

④不应使用部分抗菌类药物，包括氨苯砜、酰胺醇类、硝基呋喃类、硝基化合物、磺胺类及其增效剂、喹诺酮类、喹噁啉类和抗生素滤渣。

氨苯砜及其制剂：不能用于所有用途。氨苯砜（dapsone，DDS）属砜类化合物，对麻风杆菌有较强的抑菌作用，是治疗各类麻风病的首选药，大剂量使用时显示杀菌作用。由于与磺胺类药物具有协同增效作用，在动物和水产养殖中曾作为磺胺增效剂使用。然而，氨苯砜毒性加大，易发生溶血性贫血与发绀，并可出现高铁血红蛋白血症、肝肾功能损害和精神障碍，属可疑致癌物，资料报道对人有致突变作用。我国农业部公告第193号明确规定，禁止以任何用途将氨苯砜用于食品动物；欧盟2377/90也明确规定氨苯砜为禁用药物。

酰胺醇类：即氯霉素（chloramphenicol）及其盐、酯［包括琥珀氯霉素（chloramphenicol succinate）］及制剂，不能用于所有用途。酰胺醇类药物抗菌谱广，抗菌作用强。但该类药物毒副作用也较大，氯霉素主要抑制骨髓的造血功能，可引起血小板减少性紫癜、再生障碍性贫血等。其骨髓毒性分为两类：一类是可逆性抑制，主要影响红细胞、白细胞和血小板的形成；另一类是再生障碍性贫血。前者具有剂量依赖性；后者少见，与剂量无直接关系，其后果极为严重且不可逆转。长期使用氯霉素，即使总剂量很小（如100mg）也可能发生再生障碍性贫血。人体对氯霉素较动物更为敏感，氯霉素对新生儿、早产儿、肝肾功能不全的病人以及老年人的影响更大，婴幼儿的代谢和排泄机能尚不完善，对氯霉素最敏感，可出现致命的"灰婴综合征"。此外，氯霉素还能引起腹胀、腹泻等胃肠道症状和口腔黏膜充血、口角炎等口部症状；视神经炎、神经性耳聋以及中毒性精神病的其他不良反应。但由于其良好的抗菌和药理特性，在畜牧及水产养殖病害防治中仍存在违规使用现象。此类药物的残留问题日趋彰显，氯霉素在组织中的残留浓度达到1mg/kg以上，对食用者威胁很大。

硝基呋喃类：即呋喃唑酮（furazolidone）、呋喃西林（furacillin）、呋喃妥因（nitrofurantoin）、呋喃它酮（furaltadone）、呋喃苯烯酸钠（nifurstyrenate sodium）及制剂，不能用于所有用途。硝基呋喃类化合物（Nitrofurans，NFs）是具有硝基和呋喃环结构的一类广谱的人工合成药物，在兽医临床上表现出很好的抗原生动物和细菌感染的作用。由于抗菌效果良好，作用的家畜、水产等动物种类很多，且廉价易得。硝基呋喃类药物广泛使用于兽医临床治疗和饲料添加剂中。研究证实，硝基呋喃类药物及其代谢产物具有慢性毒性和致癌、致突变作用。长期小剂量给药或短期内给予大剂量的硝基呋喃类药物，均可造成动物组织中的药物残留。长期摄入可引起不可逆性神经损害，如感觉异常、疼痛及运动障碍等。其主要危害：一是对畜禽有毒性作用。大剂量或长时间应用硝基呋喃类药物，均能对畜禽产生毒性作用。其中，呋喃西林的毒性最大、呋喃唑酮的毒性最小。畜禽对呋喃类的毒性反应，有厌食、腹泻、胃肠出血、周围神经炎、兴奋等，中毒严重时可引起动物死亡。二是具有致癌致突变作用。该类药物也是一类具有潜在致癌和诱导有机体产生突变的物质，呋喃它酮为强致癌药物，呋喃唑酮为中等强度致癌药物。三是代谢物的危害。普通的食品加工方法（如烹调、微波加工、烧烤等）难以使蛋白结合态的代谢物大量降解，而此类药物的代谢物可以在弱酸性条件下从蛋白质中释放出来。因此，含有此类药物残留的动物产品被人食用后，这些代谢物就可以在胃酸作用下从蛋白质中释放而被人体吸收。若动物产品体内有大量的抗生素药物残留，会使人产生耐药性，在临床中降低此类药物的治疗效果。而且，此类药物残留对人体有致癌、致畸胎等副作用。关于呋喃唑酮致人周围神经炎的报道已经有很多。

　　鉴于此，国内外对呋喃类药物的控制都相当严格。1990 年 7 月，欧盟颁布 2377/90/EEC 条例，将硝基呋喃类药物及其代谢产物列为 A 类禁用药物，规定其在动物源性食品中的残留检测限为 1.0 $\mu g/kg$。由于对呋喃唑酮蛋白结合态残留物的安全性产生怀疑，自 1995 年起欧盟全面规定禁止使用呋喃类抗菌物质，在动物源性食品中呋喃类残留物的检出限为不得检出。欧盟（EU）从 1997 年开始将所有的硝基呋喃类抗生素全部列为违禁药物。2004 年，美国 FDA 公布了禁止在进口动物源性食品中使用的 11 种药物名单，其中包括呋喃西林和呋喃唑酮。我国农业部公告第 193 号也规定在食品动物中禁止使用呋喃唑酮（furazolidone）、呋喃它酮（furaltadone）、呋喃苯烯酸钠（nifurstyrenate sodium）及制剂。由于呋喃西林和呋喃妥因的毒性较大，且相关研究表明，许多硝基呋喃化合物都是明显的动物致癌剂。在大鼠上进行的长期致癌性研究中发现，呋喃西林会引起关节软骨的退化，并导致雄性大鼠的睾丸变性和雌性大鼠的乳腺纤维性肿瘤。基于本标准是供安全性要求更高的绿色食品生产者使用，故规定畜禽类绿色食品生产过程中在禁用第 193 号文中 3 种硝基呋喃类药物的基础上，也一并禁止使用呋喃西林和呋喃妥因 2 种硝基呋喃类药物。

硝基化合物：即硝基酚钠（sodium nitrophenolate）、硝呋烯腙（nitrovin）及制剂。硝呋烯腙（NTV），为硝基呋喃类药物中的一种。Joner 等研究发现，NTV 对沙门氏菌具有诱变作用。我国农业部考虑到其潜在的毒性，于 2002 年禁止将其应用于食品动物。

磺胺类及喹诺酮类药物：其中，磺胺类药物有磺胺噻唑（sulfathiazole）、磺胺嘧啶（sulfadiazine）、磺胺二甲嘧啶（sulfadimidine）、磺胺甲噁唑（sulfamethoxazole）、磺胺对甲氧嘧啶（sulfamethoxydiazine）、磺胺间甲氧嘧啶（sulfamonomethoxine）、磺胺地索辛（sulfadimethoxine）、磺胺喹噁啉（sulfaquinoxaline）、三甲氧苄氨嘧啶（trimethoprim）及其盐和制剂；喹诺酮类药物有诺氟沙星（norfloxacin）、氧氟沙星（ofloxacin）、培氟沙星（pefloxacin）、洛美沙星（lomefloxacin）及其盐和制剂，不能用于所有用途。作为目前我国食品动物养殖过程中普遍使用的两类最重要的抗菌药物（三甲氧苄氨嘧啶作为磺胺增效剂，通常与磺胺类药物同时使用），由于使用比较广泛，其在动物性食品中残留也被时有检出。例如，磺胺二甲嘧啶和磺胺间甲氧嘧啶是我国农业部畜禽产品例行监测中经常检出的超标药物；另外，近年来动物源细菌耐药性监测结果也显示，喹诺酮类和磺胺类药物的耐药程度相当严重。因此，这两类药物在食品动物中的使用亟待规范，尤其是对于绿色食品生产更需要加强管理。同时，美国等发达国家对这两类药物的使用也做了明确规定。具体内容如下：喹诺酮类药物，美国仅批准恩诺沙星和沙拉沙星用于家禽，但 2005 年因耐药性问题，氟喹诺酮类在禽类的生产中被禁用；澳大利亚没有批准任何喹诺酮类药物用于家禽、家畜，只批准恩诺沙星用于伴侣动物；加拿大也仅批准恩诺沙星用于家禽和伴侣动物；日本仅批准恩诺沙星、达氟沙星、奥比沙星、二氟沙星、噁喹酸用于家畜，批准恩诺沙星、达氟沙星、氧氟沙星、马波沙星和噁喹酸用于家禽。磺胺类药物，2002 年，美国 FDA 公布了在进口动物源性食品中禁止使用包括磺胺类药物等在内的 11 种药物，以进一步保证其国内的食品安全；日本还禁止将磺胺喹噁啉、磺胺二甲嘧啶、磺胺嘧啶、磺胺间甲基嘧啶等磺胺类药物用于家禽生产过程中使用。绿色食品作为一种无污染的安全、优质、营养食品，对于生产过程中使用的抗菌药物等投入品的管理更应该慎重。国外发达国家对喹诺酮类和磺胺类药物批准使用的种类、使用方法等都做了非常严格的规定；我国虽然对于这 2 类药物的使用进行了规定，但仍存在药物滥用、超范围、超剂量使用的现象，喹诺酮类和磺胺类药物的细菌耐药较为严重。因此，建议禁止喹诺酮类和磺胺类药物 2 类药物作为兽药在绿色食品上生产，以遵循绿色食品的理念，确保绿色食品安全、优质、营养，维护人类健康安全。

　　喹噁啉类药物：即卡巴氧（carbadox）、喹乙醇（olaquindox）、喹烯酮（quinocetone）、乙酰甲喹（mequindox）及其盐、酯及制剂，不能用于所有用途。喹噁啉类药物（quinoxaline）是具有喹噁啉－N_1，N_4－二氧化物基本结构的一类化学合成的动物专用药，具有广谱抗菌，提高饲料转化率和促生长作用。毒理研究发现，其有明显的致癌、致畸、致突变、光敏和肾上腺皮质损坏等毒副作用。基于其毒性作用，欧盟于 1998 年禁止了卡巴氧和喹乙醇的使用，2004 年起加拿大禁止卡巴氧用于供人类食用家畜。美国也限制其仅用于育成猪（小于 35kg）作抗菌治疗应用。卡巴氧用作促生长和抗菌作用饲料添加剂，饲料添加浓度为 50mg/kg，4 月龄大的猪开始使用，宰前 4 周停药。我国禁止使用卡巴氧，2001 年农业部公告第 168 号规定喹乙醇只能用作育成猪的饲料添加剂，饲料添加量用量 25～50 mg/kg，禁用于禽。此外，我国相继研制和批准使用的痢菌净和喹烯酮，其残留限量还需进一步研究。因此，考虑到绿色食品安全要求更高，在畜禽类绿色食品生产过程中禁止使用喹噁啉类药物。

　　抗生素滤渣：不能用于所有用途。抗生素滤渣是抗生素类产品生产过程中产生的工业"三废"。因含有微量抗生素成分，在饲料和饲养过程中使用后，对动物有一定的促生长作用。但易引起耐药性，且未做安全性试验，存在各种安全隐患。长期食用抗生素造成畜禽机体免疫力下降，严重影响疫苗的接种效果，易引起动物菌群平衡发生紊乱，从而导致长期腹泻或机体维生素缺乏；还容易引起病原菌的交替感染和二重感染，使抗生素及其化学药物失去疗效。耐药菌株的日益增加，使有效控制细菌病的流行更为困难，不得不加大用药剂量，导致药物在畜禽体内的蓄积残留，从而对动物源性食品安全造成新的威胁。因此，这些药物的禁用，有助于进一步提高绿色食品质量安全水平。

　　⑤不应使用部分抗寄生虫类药物，包括苯并咪唑类、抗球虫类、硝基咪唑类、氨基甲酸酯类、有机氯杀虫剂、有机磷杀虫剂和其他杀虫剂。

　　苯并咪唑类药物（BMZs）：即噻苯咪唑（thiabendazole）、阿苯咪唑（albendazole）、甲苯咪唑（mebendazole）、硫苯咪唑（fenbendazole）、磺苯咪唑（oxfendazole）、丁苯咪唑（parbendazole）、丙氧苯咪唑（oxibendazole）、丙噻苯咪唑（CBZ）及制剂，不能用于所有用途。虽然 BMZs 是广谱、高效、低毒的抗寄生虫药物，但如果连续过量使用，也会引起严重的不良反应；长期使用还有可能引起某些寄生虫耐药性，并能产生交叉耐药。如阿苯达唑、噻苯达唑能使蠕虫产生耐药性，而且有可能对其他

BMZs 驱虫药产生交叉耐药现象，对动物的不良反应亦较其他药物严重。不合理的用药，不仅导致耐药性的产生以及致畸和胚胎毒性等不良反应，增加养殖成本、加大防疫难度，而且会导致动物性食品中残留蓄积，通过食物链作用，使得 BMZs 对人类也可引起与动物同样的潜在危害。

抗球虫类药物：即二氯二甲吡啶酚（clopidol）、氨丙啉（amprolini）、氯苯胍（robenidine）及其盐和制剂，不能用于所有用途。盐酸氯苯胍的生产成本高，耐药性产生快，产品带异臭味，可对鸡肉和鸡蛋带来不良味道，国内近几年已基本不用；早在 1999 年，欧盟、日本禁止在肉鸡中使用盐酸氨丙啉，从 2002 年 6 月起，欧盟以没有毒理学和残留试验数据为由再次将氨丙啉列入禁用药物；二氯二甲吡啶酚能抑制鸡对球虫产生免疫力，球虫对此药易产生耐药性，欧盟和日本也均禁止使用氯羟吡啶，目前也是日本重点监测的兽药之一。

硝基咪唑类药物（NIIMs）：即甲硝唑（metronidazole）、地美硝唑（dimetronidazole）、替硝唑（tinidazole）及其盐、酯及制剂等，不能用于促生长。硝基咪唑类药物（Nitroimidazoles，NIIMs）是一类具有 5-硝基咪唑环结构的杂环化合物。自 20 世纪 50 年代以来，人工合成的 NIIMs 在抗菌和抗原虫方面得到了广泛应用，尤其对厌氧菌有强大的杀灭作用，是治疗厌氧菌感染的首选药物之一。该类药物及其代谢物对哺乳动物具有致癌、致畸、致突变作用和遗传毒性，各国纷纷禁止其在动物性食品中使用。但由于该类药物有显著的临床治疗效果和防病促生长作用以及廉价易得的特点，目前畜牧业中仍然存在非法使用 NIIMs 的现象。硝基咪唑类药物药效基团为硝基，硝基的还原不仅是药理作用产生的基础，也是毒性产生的主要原因。由于该类化合物具有细胞诱变性、动物致癌毒性等潜在严重危害性的问题，美国、欧盟以及日本等国家和组织早已将其列入动物源性食品中禁止使用的化合物清单。2002 年，美国食品药品管理局（FDA）公布了禁止在进口动物源性食品中使用的 11 种药物，其中包括 DMZ 及其他硝基咪唑类药物。欧盟禁止 NIIMs 用于食品动物，欧盟法规 2377/90 的附录 IV 将 NIIMs 列为动物源性食品中不得检出的药物；洛硝唑（RNZ）、地美硝唑（DMZ）、甲硝唑（MNZ）相继在 1993 年、1995 年、1998 年禁止用于食品动物，并且未批准异丙硝唑作为兽药使用。其中，DMZ 于 1995 年禁止作为兽药使用，但仍可作为饲料添加剂。2001 年 11 月，欧盟规定禁止 DMZ 在饲料中作为添加剂使用。加拿大相继于 2003 年取消所有 NIIMs 作为兽药在食品动物中的使用。2002 年 3 月，我国也开始对硝基咪唑类药物进行严格控制，农牧发〔2002〕1 号文件的禁用兽药清单中包括 DMZ、MNZ 和 RNZ。《无公害食品　畜禽饲养兽药使用准则》（NY 5030—2006）和《绿色食品　兽药使用准则》（NY/T 472—2006）均规定了禁止以促生长为目的在所有食品动物中使用 MNZ、DMZ 及其盐、酯与制剂。对在饲料中因硝基咪唑类药物的不合理添加而造成的可食性动物组织中药物残留问题，备受世界各国的普遍关注。

氨基甲酸酯类药物：即甲奈威（carbaryl）、呋喃丹（克百威，carbofuran）及制剂，不能用作杀虫剂。氨基甲酸酯类（carbamates）农药是一类相对新型的广谱杀虫、杀螨、除草剂。不同结构类型的品种，其防治对象及毒性差别也很大。多数品种如异丙威、仲丁威、混灭威、速灭威等的毒性低，由于分子结构接近天然有机物，在自然界易被分解，残留量低；少数品种如克百威、甲奈威等毒性高，施用后残留于土壤、水源、大气以及作物中，对人类及其赖以生存的自然环境产生深远的影响。氨基甲酸酯类农药可经消化道、呼吸道和皮肤黏膜进入体内，其中毒的机制主要是抑制神经组织、红细胞及血浆内的乙酰胆碱酯酶，使胆碱酯酶被氨基甲酰化后失去对乙酰胆碱的水解能力，从而造成体内乙酰胆碱大量蓄积引起急性中毒。中毒者的主要症状是头晕、头痛、乏力、视物模糊、恶心、呕吐、流涎、多汗、瞳孔缩小等，有的可伴有肌束震颤等烟碱样症状，严重者可出现肺水肿、脑水肿或昏迷。因此，对人畜有较强毒性的克百威和甲奈威禁止在畜禽类绿色食品生产中使用。

有机氯杀虫剂：即六六六（BHC）、滴滴涕（DDT）、林丹（丙体六六六，lindane）、毒杀芬（氯化烯，camahechlor）及制剂。有机氯农药（organo chlorine pesticides）是用于防治植物病虫害的组成成分中含有有机氯元素的有机化合物，也是一种应用最早的人工合成的高效广谱杀虫剂。由于其化学性质稳定，在环境中降解十分缓慢，以及亲脂性等特点，在环境和动、植物体内大量蓄积并通过食物链进入人体，对机体健康构成潜在威胁。有机氯农药是一类持久性有机污染物，具有急性或慢性的致毒、致死、致畸、致突变性以及稳定性强、残留高、水溶性低、脂溶性高等特点，可在多种环境介质中迁移，通过食物链在生物体内富集，对生态系统和人类健康造成严重的威胁。发展中国家每年有 50 多万人受到有机氯农药化学品的毒害，有机氯农药已被世界各国列入优先控制的有机污染物"黑名单"。我国从 1983 年开始逐步禁止有机氯农药的使用，但有机氯农药仍在多种环境介质中残留。有机氯农药一旦进入环境，其毒性、高残留特性便会发生效应，造成严重的大气、水体及土壤的污染。由于有机氯农药具有半挥发性，能够从水体或土壤中以蒸气形式进入大气环境或者吸附在大气颗粒物上，在大气环境中远距离迁移，污染全球。同时，适度的挥发性又使得它们不会永久停留在大气中，从而重新沉降到地面上。由于该类物质化学性质稳定，本身不易被阳光和微生物分解，对酸和热稳定，一旦排放到环境中难以被分解，可在土壤、水体、沉积物等环境介质中存留数年数十年甚至更长时间。它们不易溶于水，在水中溶解度仅为 0.02mg/kg，但能大量溶解在脂类物质中，比在水中的溶解度大 500 万倍。虽然有机氯农药在我国已经被禁止或限制使用 20 多年，但由于有机氯农药的这些特点，使得在环境介质中仍能检测到它们的残留。由于有机氯类农药具有较强的亲脂性，比较容易在脂肪组织中聚集并且在食物链中进行生物累集，更容易累积在食物链末端的人体内。

有机磷杀虫剂：即敌百虫（trichlorfon）、敌敌畏（dichlorvos）、皮蝇磷（fenchlorphos）、氧硫磷（oxinothiophos）、二嗪农（diazinon）、倍硫磷（fenthion）、毒死蜱（chlorpyrifos）、蝇毒磷（coumaphos）、马拉硫磷（malathion）及制剂。有机磷类农药（organophosphorus pesticides，OPPs）是一类含 C-P、C-O-P、C-S-P 等基团的化合物。由于其具有高效、广谱、经济、易降解等特点，被广泛用于农业和畜牧业。主要用来除虫、杀菌、杀螨、驱杀动物体内和体外的寄生虫，成为继有机氯农药之后农业生产中主要使用的农药品种之一。有机磷农药能够抑制乙酰胆碱酯酶活性，易对人体或者动物造成急性中毒，是一类具有全身多脏器毒性的污染物。随着有机磷农药在农业生产中的广泛使用，其对人类健康产生了不容忽视的影响。虽然它比有机氯农药较易降解，残留期较短，但有机磷农药进入有机体后，大部分对生物体内胆碱酯酶的活性有不可逆的抑制作用，抑制胆碱酯酶使其失去分解乙酰胆碱的能力，造成乙酰胆碱积累，使神经过分刺激，冲动不能休止，引起机体痉挛、瘫痪等一系列神经中毒症状，甚至死亡。

其他杀虫剂：即杀虫脒（克死螨，chlordimeform）、双甲脒（amitraz）、酒石酸锑钾（antimony potassium tartrate）、锥虫胂胺（tryparsamide）、孔雀石绿（malachite green）、五氯酚酸钠（pentachlorophenol sodium）、氯化亚汞（甘汞，calomel）、硝酸亚汞（mercurous nitrate）、醋酸汞（mercurous acetate）、吡啶基醋酸汞（pyridyl mercurous acetate），均是农业部公告第 193 号《食品动物禁用的兽药及其化合物清单》中规定禁止用于食品动物的药物，故在本标准中也一并采用。

⑥不应使用抗病毒类药物，即金刚烷胺（amantadine）、金刚乙胺（rimantadine）、阿昔洛韦（aciclovir）、吗啉（双）胍（病毒灵，

moroxydine)、利巴韦林（ribavirin）等及其盐、酯和单、复方制剂等抗病毒类药物。金刚烷胺类等人用抗病毒药是临床上应用了较长时间的流感治疗药物，移植兽用，缺乏科学规范、安全有效的实验数据。而且，这些抗病毒药物多年的使用已经产生了不同程度的耐药性，对于严重的病例，基本上发挥不了治疗效果。尤其金刚烷胺，其最好作用量和产生副作用及产生中毒症状的剂量很接近。用于动物病毒性疫病，不但给动物疫病控制带来不良后果，而且影响国家动物疫病防控政策的实施。鉴于上述原因，农业部公告第 560 号废止了上述几种药物的地方标准，禁止用于食品动物。

⑦不应使用有机胂制剂，即洛克沙胂（roxarsone）、氨苯胂酸（阿散酸，arsanilic acid）。早在 20 世纪 50 年代，美国开始进行有机胂制剂应用研究，1983 年正式批准用作猪和鸡的促生长剂。我国也于 20 世纪 90 年代批准作为饲料添加剂使用。因其具有提高增重、降低料肉比、改善被毛和皮肤色泽、降低腹泻等作用，在养殖业上得以广泛应用。但是，由于砷对环境有污染和毒副作用，许多国家近年来相继对胂制剂的应用做了严格限制。欧盟、日本等国家甚至完全禁止胂制剂在饲料中的添加。主要原因：一是有机胂制剂对人畜具有潜在的危害。有机胂在动物体内吸收较少，排出较快，沉积量少，大部分以甲胂酸和二甲基次胂酸等甲基化产物迅速随尿排出体外，对动物基本是无毒的，但大剂量的添加有机胂对动物仍有一定的毒副作用，而且部分养殖户滥用有机胂制剂，致使动物组织中残留较高的砷，成为影响人类健康的安全隐患。二是有机胂制剂对环境的污染。有机胂在畜禽体内沉积少，大都随畜禽尿液排出体外。目前，我国大多数的畜禽粪便仍未经过无害化处理，直接排入水体和土壤，使土壤水体中的含砷量大幅增加。目前为止，尚未见到畜牧业生产中由于缺砷而影响动物生长和健康的报道，砷仍是非必需的微量元素，没有必要在饲料中添加；而胂制剂的使用对环境污染严重，且对食品安全也存在隐患。因此，禁止有机胂制剂应用于畜禽类绿色食品的生产，阻止人为砷元素对环境的污染。

（2）不应使用国家规定的其他禁止在畜禽养殖过程中使用的药物

近年来，国内外学者在药物安全性评价方面开展了大量工作，基本了解了多数药物的副作用及残留危害。但是，由于药物种类繁多，仍有部分药物的毒理学数据尚不清楚。而且，随着科技的不断发展，对已知毒害作用的药物也可能有更深入的了解。因此，药物使用方面的规定也将会不断变化，而标准不是能够随时修订的。为了确保标准与国家法律法规的一致性，特别指出不应使用国家规定的其他禁用药物，以确保标准的规范性。

（3）产蛋期不应使用附录 B 中的兽药

即四环素类（四环素、多西环素）、青霉素类（阿莫西林、氨苄西林）、氨基糖苷类（新霉素、安普霉素、越霉素 A、大观霉素）、磺胺类（磺胺氯哒嗪、磺胺氯吡嗪钠）、酰胺醇类（氟苯尼考）、林可胺类（林可霉素）、大环内酯类（红霉素、泰乐菌素、吉他霉素、替米考星、泰万菌素）、喹诺酮类（达氟沙星、恩诺沙星、沙拉沙星、环丙沙星、二氟沙星、氟甲喹）、多肽类（那西肽、黏霉素、恩拉霉素、维吉尼霉素）、聚醚类（海南霉素钠）、抗寄生虫类（二硝托胺、马杜霉素、地克珠利、氯羟吡啶、氯苯胍、盐霉素钠），共 34 种药物。

蛋鸡在产蛋期间使用药物要特别注意。如果用药不当，一方面，某些药物进入鸡体后可转移到蛋清和蛋黄中，引起鸡蛋变味、胚胎畸变，从而导致孵化率下降；另一方面，药物进入鸡体后，由于影响鸡蛋的形成而使产蛋率下降或使鸡蛋的品质下降，导致残留超标留下安全隐患。例如，磺胺类药物都具有抑制产蛋的副作用，通过与碳酸酐酶结合，使其活性降低，从而使碳酸盐的形成和分泌减少，导致鸡产软壳蛋和薄壳蛋。因此，这类药只能用于雏鸡和青年鸡，产蛋鸡应禁止使用。四环素类药物内服后，对鸡的消化道有刺激作用，影响蛋鸡对营养物质的吸收，而且，对蛋鸡的肝脏也有损害，能与蛋鸡体内的血钙结合，形成难溶性的钙盐，阻碍蛋壳的形成，使蛋鸡的产蛋量和鸡蛋的品质下降。抗球虫类药物（如氯苯胍、克球粉等），一方面有抑制产蛋的作用；另一方面会在蛋中残留，危害人体健康。因此，蛋鸡在产蛋期除了不使用附录 A 中的药物以及国家规定的其他禁止在畜禽养殖过程中使用的药物外，还不应使用农业部公告第 278 号中所列出的 34 种药物。

（4）泌乳期还不应使用附录 B 中的 11 种兽药

即四环素类（四环素、多西环素）、青霉素类（苄星邻氯青霉素）、大环内酯类（替米考星、泰拉霉素）、抗寄生虫类（双甲脒、伊维菌素、阿维菌素、左旋咪唑、奥芬达唑、碘醚柳胺）。

【标准原文】

6.2.2 不应使用药物饲料添加剂。

【内容解读】

本条款对畜禽养殖过程中可能涉及的药物饲料添加剂进行了严格的禁

用规定。药物饲料添加剂是为了预防、治疗动物疾病而掺入载体或稀释剂的兽药预混物，包括抗球虫药类、驱虫剂类、抑菌促生长类等。在动物饲养过程中长期添加，一方面，易导致药物在动物体内蓄积残留，引发食品安全问题；另一方面，长期使用亚剂量抗菌药物，可造成病原菌的耐药性增加，对人类胃肠道正常菌群产生不良的影响，致使正常菌群平衡被破坏，有些致病菌可能大量繁殖，从而危害人类健康，也增加了人类疾病的治疗难度。

绿色食品不同于普通食品，也不同于无公害食品，而是质量安全水平相对更高的一类食品。因此，畜禽类绿色食品生产过程中禁止使用药物饲料添加剂。

【实际操作】

在畜禽类绿色食品生产过程中禁止使用 33 种药物饲料添加剂，具体名录见表 2-8。此外，未经农业主管部门批准用于饲料添加剂的药物一律不能用做药物饲料添加剂。

目前，世界上生产的抗生素已达 200 多种，作为饲料添加剂的有 60 多种。其中，我国农业部公告第 168 号对畜禽养殖业生产中具有预防动物疾病、促进动物生长作用，在饲料中可长时间添加使用的药物饲料添加剂进行了规定。但鉴于这些药物的主要成分是抗寄生虫、抗菌等药物，长期使用会导致残留和耐药性问题，为了确保畜禽类绿色食品的质量安全，对生产绿色食品的畜禽养殖过程做出了不应使用上述药物饲料添加剂的规定。

表 2-8　不应使用的药物饲料添加剂名录

序号	名称	有效成分	作用与用途
1	二硝托胺预混料	二硝托胺	用于禽球虫病
2	马杜霉素铵预混料	马杜霉素铵	用于鸡球虫病
3	尼卡巴嗪预混剂	尼卡巴嗪	用于鸡球虫病
4	尼卡巴嗪、乙氧酰胺苯甲酯预混剂	尼卡巴嗪、乙氧酰胺苯甲酯	用于鸡球虫病
5	甲基盐霉素、尼卡巴嗪预混剂	甲基盐霉素、尼卡巴嗪	用于鸡球虫病
6	甲基盐霉素预混剂	甲基盐霉素	用于鸡球虫病
7	拉沙诺西钠预混剂	拉沙诺西钠	用于鸡球虫病
8	氢溴酸常山酮预混剂	氢溴酸常山酮	用于鸡球虫病
9	盐酸氯苯胍预混剂	盐酸氯苯胍	用于鸡、兔球虫病

（续）

序号	名称	有效成分	作用与用途
10	盐酸氨丙啉、乙氧酰胺苯甲酯预混剂	盐酸氨丙啉、乙氧酰胺苯甲酯	用于禽球虫病
11	盐酸氨丙啉、乙氧酰胺苯甲酯、磺胺喹噁啉预混剂	盐酸氨丙啉、乙氧酰胺苯甲酯、磺胺喹噁啉	用于禽球虫病
12	氯羟吡啶预混剂	氯羟吡啶	用于禽、兔球虫病
13	海南霉素钠预混剂	海南霉素钠	用于鸡球虫病
14	赛杜霉素钠预混剂	赛杜霉素钠	用于鸡球虫病
15	地克珠利预混剂	地克珠利	用于畜禽球虫病
16	复方硝基酚钠预混剂	邻硝基苯酚钠、对硝基苯酚钠、5－硝基愈创木酚钠、磷酸氢钙和硫酸镁	用于虾、蟹等甲壳类动物促生长
17	氨苯胂酸预混剂	氨苯胂酸	用于促进猪、鸡生长
18	洛克沙胂预混剂	洛克沙胂	用于促进猪、鸡生长
19	莫能菌素钠预混剂	莫能菌素钠	用于鸡球虫病和肉牛促生长
20	杆菌肽锌预混剂	杆菌肽锌	用于促进畜禽生长
21	黄霉素预混剂	黄霉素	用于促进畜禽生长
22	维吉尼亚霉素预混剂	维吉尼亚霉素	用于促进畜禽生长
23	喹乙醇预混剂	喹乙醇	用于猪促生长
24	那西肽预混剂	那西肽	用于鸡促生长
25	阿美拉霉素预混剂	阿美拉霉素	用于猪和肉鸡的促生长
26	盐霉素钠预混剂	盐霉素钠	用于鸡球虫病和促进畜禽生长
27	硫酸黏杆菌素预混剂	硫酸黏杆菌素	用于革兰氏阴性杆菌引起的肠道感染，并有一定的促生长作用
28	牛至油预混剂	5-甲基-2-异丙基酚和2-甲基-5-异丙基苯酚	用于预防及治疗猪、鸡大肠杆菌、沙门氏菌所致的下痢，促进畜禽生长
29	杆菌肽锌、硫酸黏杆菌素预混剂	杆菌肽锌、硫酸黏杆菌素	用于革兰氏阳性菌和阴性菌感染，并具有一定的促生长作用
30	吉他霉素预混剂	吉他霉素	用于防治慢性呼吸系统疾病，也用于促进畜禽生长

（续）

序号	名称	有效成分	作用与用途
31	土霉素钙预混剂	土霉素钙	对革兰氏阳性菌和阴性菌均有抑制作用，用于促进猪、鸡生长
32	金霉素预混剂	金霉素	对革兰氏阳性菌和阴性菌均有抑制作用，用于促进猪、鸡生长
33	恩拉霉素预混剂	恩拉霉素	对革兰氏阳性菌有抑制作用，用于促进猪、鸡生长

【标准原文】

6.2.3　不应使用酚类消毒剂，产蛋期不应使用酚类和醛类消毒剂。

【内容解读】

本条款对消毒剂的使用种类进行了限定。消毒剂在防治动物疫病和保证畜牧生产上发挥了不可替代的作用，但部分消毒剂具有相当强的毒、副作用，如酚类和醛类消毒剂。因此，本标准在6.1.4条款规定选用消毒剂的基本原则的同时，又在本条款对毒副作用大的消毒剂进行了禁用规定，以尽量降低因消毒剂的使用所带来的危害和不良影响。

【实际操作】

（1）不应使用酚类消毒剂

酚类消毒剂的稀释浓度低、适应面较窄、酚臭味重、毒性大、不易分解，使用后容易造成环境的污染；而且，具有强致癌及蓄积毒性，残留到动物组织中易通过食物链对人体产生危害。因此，将酚类消毒剂作为禁用药物进行了规定。

（2）产蛋期不应使用酚类和醛类消毒剂

动物体内的药物多以肝脏代谢为主，经胆汁由粪便排出体外，但也会通过产蛋过程残留蛋中。一些性质稳定的药物，如酚类、醛类消毒剂，使用后可存在很长一段时间，从而造成环境中药物残留。这些残留的药物通过动物产品和环境，最终导致人体蓄积中毒。因此，蛋鸡在产蛋期也不应使用酚类和醛类消毒剂。

【标准原文】

6.2.4 不应为了促进畜禽生长而使用抗菌药物、抗寄生虫药、激素或其他生长促进剂。

【内容解读】

本条款对促生长药物做了禁用的规定。其代表性药物包括性激素及其类似物，一些抗菌药物和抗寄生虫类药物也具有促生长作用。由于用药动物的生产性能（如增重、饲料利用率和瘦肉率等）可明显提高，在生产实际中得以应用。因此，也成为目前具有残留毒理学意义较重要的药物之一。考虑到该类药物使用不是用于防治畜禽疫病，在畜禽生产过程中不是必须使用的药物。因此，本条款将作为促生长目的的抗菌药物、抗寄生虫药、激素或其他生长促进剂进行了禁用的规定，避免因该类药物的滥用而导致动物源性食品安全问题。

【实际操作】

在畜禽生产过程中，不得将 6.2.1 条款外的其他允许使用的抗菌药物、抗寄生虫药、激素或其他生长促进剂，用于促生长目的。因为促生长药物的使用是长期的过程，这些药物的使用会导致多方面的问题。例如，细菌产生耐药性；引起动物免疫机能下降，死亡增多；畜禽产品中的药物残留等。不仅影响畜牧业生产，而且也会通过食物链危害人类的健康。

【标准原文】

6.2.5 不应使用基因工程方法生产的兽药。

【内容解读】

本条款对基因工程方法生产的兽药使用情况进行了禁用规定。目前，对转基因成分在动物体内是否残留而进入人类的食物链以及是否对环境造成污染，对基因工程方法生产的兽药的安全性评估和使用基因工程方法生产兽药的动物等动物源性食品安全性评估有待进一步研究。绿色食品倡导安全生产、安全消费，从安全性角度考虑，畜禽类绿色食品生产过程中禁用基因工程方法生产的兽药。

【实际操作】

不应使用名称中标有"基因工程"的兽药。

基因工程又称基因拼接技术和 DNA 重组技术，是以分子遗传学为理论基础，以分子生物学和微生物学的现代方法为手段，将不同来源的基因按预先设计的蓝图，在体外构建杂种 DNA 分子，然后导入活细胞，以改变生物原有的遗传特性、获得新品种、生产新产品。

转基因技术是将人工分离和修饰过的基因导入到生物体基因组中，由于导入基因的表达，引起生物体性状的可遗传的修饰，这一技术称之为转基因技术。基因片段的来源可以是提取特定生物体基因组中所需的目的基因，也可以是人工合成指定序列的 DNA 片段。DNA 片段被转入特定生物中，与其本身的基因组进行重组，再从重组体中进行数代的人工选育，从而获得具有稳定表现特定的遗传性状的个体。转基因技术是基因工程的一种手段和方法。因此，转基因技术属于基因工程范畴。

目前，用基因工程方法生产的兽药主要是指兽用生物制品，如疫苗。国家批准的基因工程方法生产的兽用疫苗，通常在产品名称中含有"基因工程"字样。基因工程获得的兽药包括：猪圆环病毒 2 型杆状病毒载体灭活疫苗、传染性法氏囊基因工程亚单位疫苗（大肠杆菌表达 VP1 蛋白）、H5 亚型禽流感灭活疫苗、乙肝疫苗、仔猪大肠杆菌 K88/K99 双价灭活疫苗、猪伪狂犬活疫苗、猪口蹄疫 O 型合成肽疫苗、鸡传染性喉气管炎重组鸡痘病毒基因工程疫苗等。因此，凡是此类兽药在畜禽类绿色食品生产过程中不得使用。

但是，对于农业主管部门规定强制免疫的重大动物疫病，如禽流感、口蹄疫、猪瘟、高致病性猪蓝耳病，在免疫时应根据实际情况选择疫苗。其中，禽流感疫苗是由基因工程方法获得，口蹄疫疫苗也有部分为基因工程方法获得（猪口蹄疫 O 型合成肽疫苗），而猪瘟和高致病性蓝耳病疫苗均为非基因工程疫苗。因此，对于上述 4 种疫病，使用疫苗时应首先符合国家的相关规定，其次尽可能使用非基因工程生产的疫苗。

【实际操作】

6.3　兽药使用记录

【内容解读】

本标准对绿色食品生产中的兽药使用记录做出专门规定。

做到科学合理地使用兽药，是减少细菌耐药性、杜绝兽药残留、保证食品安全、维护人类健康的关键。兽药使用环节的规范和要求很多，其中建立用药记录、遵守休药期、执行兽药不良反应报告制度，对保障兽药安全使用、确保动物源食品的安全非常重要。

欧盟在兽药使用管理方面也建立了医护人员用药管理制度，加强医护人员用药管理。兽医师开处方药的数量和用药有官方对照标准，兽医用药、兽药、休药期必须有详细的、长期的记录。《欧盟兽医药品法典》中规定，兽药的使用记录应保留至少 3 年，记录内容主要包括使用日期，兽药名称、数量，药品供应商的名称和地址等。国际食品法典委员会（CAC）1993 年制定了国际兽药使用管理规范（GPVD），对兽药的处方、申请、分销和使用都做出了明确的规定。

我国新《兽药管理条例》第 38 条也规定：兽药使用单位，应当遵守国务院兽医行政管理部门制定的兽药安全使用规定，并建立用药记录。

用药记录作为兽药使用过程的关键环节，不仅可以真实地再现兽药使用过程，包括药物种类、使用剂量和用药途径等，而且可以发挥追溯作用。因此，将"兽药使用记录"作为兽药使用原则的重要内容在本标准中进行了特别的规定。

与 NY/T 472—2006 标准不同的是，2013 版标准增加了兽药出入库登记记录，并规定了记录的内容。此外，对原有消毒、免疫、诊疗记录，精简了记录内容，增强了可操作性和实用性。

【标准原文】

6.3.1 应符合《畜禽标识和养殖档案管理办法》规定的记录要求。

【内容解读】

本条款明确兽药使用记录应符合国家相关规定。《兽药管理条例》和《畜禽标识和养殖档案管理办法》是我国目前在兽药使用记录方面有所要求的管理性文件。其中，《兽药管理条例》第 38 条规定，兽药使用单位应建立用药记录，但没有具体要求；而《畜禽标识和养殖档案管理办法》规定，畜禽养殖过程中必须建立养殖档案，其中也对兽药使用记录要求进行了相应规定。

【实际操作】

生产者在畜禽养殖过程中，应按照《畜禽标识和养殖档案管理办法》

规定的记录要求进行兽药使用记录。记录内容包括兽药的来源、名称、使用对象、时间和用量等。

【标准原文】

6.3.2 应建立兽药入库、出库记录，记录内容包括药物的商品名称、通用名称、主要成分、生产单位、批号、有效期、贮存条件等。

【内容解读】

本条款对兽药出入库记录进行了特别规定，是对兽药使用记录的补充。目的是通过记录，可以全面了解兽药的使用去向，确保兽药使用的有效追溯。

【实际操作】

建立兽药入库、出库记录表。记录内容包括药物的商品名称、通用名称、主要成分、生产单位、批号、有效期、贮存条件等。

【标准原文】

6.3.3 应建立兽药使用记录，包括消毒记录、动物免疫记录和患病动物诊疗记录等。其中，消毒记录内容包括消毒剂名称、剂量、消毒方式、消毒时间等；动物免疫记录内容包括疫苗名称、剂量、使用方法、使用时间等；患病动物诊疗记录内容包括发病时间、症状、诊断结论以及所用的药物名称、剂量、使用方法、使用时间等。

【内容解读】

本条款对兽药使用记录进行了特别规定，并根据畜禽养殖过程中所涉及的使用目的进行了分类记录，即消毒记录、免疫记录和诊疗记录。这些记录基本涵盖了畜禽养殖过程中兽药使用的全部情况，确保兽药使用记录清晰、完整，达到兽药使用记录的目的。

【实际操作】

（1）建立消毒剂使用记录表

记录内容包括消毒剂名称、剂量、消毒方式、消毒时间等（表2-9）。

表 2-9 消毒剂使用记录表

养殖场名称：

序号	消毒剂名称	剂量	消毒方式	畜禽品种	消毒地点	消毒时间	操作人员

（2）建立畜禽免疫记录表

记录内容包括疫苗名称、剂量、使用方法和使用时间等（表 2-10）。

表 2-10 畜禽免疫记录表

养殖场名称：

序号	疫苗名称	剂量	使用方法	畜禽品种	免疫地点	免疫时间	操作人员

（3）建立患病畜禽诊疗记录表

记录内容包括发病时间、症状、诊断结论以及所用的药物名称、剂量、使用方法、使用时间等（表 2-11）。

表 2-11 患病畜禽诊疗和兽药使用记录表

养殖场名称：

序号	畜禽品种	发病时间	发病地点	症状	诊断结论	兽药名称	剂量	使用方法	用药周期	操作人员

【标准原文】

6.3.4 所有记录资料应在畜禽及其产品上市后保存 2 年以上。

【内容解读】

本条款对所有兽药使用记录资料的保存时间进行了规定。考虑畜禽养殖周期及产品上市时间等诸多因素，为了确保记录资料的可追溯性，规定记录资料至少保存 2 年时间。

第**3**章
兽药安全使用控制要点

科学、规范、合理地使用兽药，既可有效防治畜禽疾病、避免对畜禽带来不良影响、保障和促进养殖业健康发展，又能控制畜禽产品中的药物残留、提高畜禽产品的安全水平。兽药的正确使用涉及很多方面，本章针对养殖过程中兽药使用的关键风险点，从兽药选购、兽药使用前准备、兽药使用过程等方面需要注意的风险环节进行了描述，分析了在残留毒理意义上比较重要的药物（包括禁用药物），给临床兽药使用者以警示，并针对临床常用且存在滥用现象的抗微生物药（抗菌药和抗寄生虫药），概括性地阐述了药物之间的相互作用和使用注意事项（具体药物的使用方法及注意事项详见《中华人民共和国兽药典兽药使用指南》），以期在降低其不良反应、减少药物残留和耐药性的基础上，达到最佳的治疗效果。

3.1 兽药的选购

随着《兽药管理条例》及其配套法规和《中国兽药典》等国家兽药标准的颁布和实施，我国兽药的生产和管理日趋标准化、规范化，兽药产品质量不断提高，在保障动物用药安全、有效防治畜禽疾病方面发挥了积极作用。但随着畜牧业的迅猛发展及疾病防控难度的加大，养殖生产对兽药的需求量不断增大，难免出现假冒伪劣兽药。尤其是专业户识别真假的能力较差，又无专业检验设备，如何正确识别成为难点。在选购兽药时，应注意以下几个方面：

3.1.1 合法选购，杜绝购买禁用药物

选用农业部允许使用且不会造成残留的药物品种，可优先选用中草药、生物类制剂或畜禽专用药。目前，我国规定禁用的药物有近 70 种。除此之外，蛋鸡产蛋期还禁止使用抗菌药物和抗寄生虫类药物 34 种，奶

牛泌乳期禁用 11 种。兽药使用者应全面掌握违禁药物的种类和名称，购买兽药时，应仔细识别是否为违禁药物，从源头上杜绝禁用药物在畜禽养殖过程中的违规使用。

3.1.2　明确目的，按需选购

选购兽药应根据临床诊断，弄清病原微生物的种类及其对药物的敏感性。条件许可的情况下，可在病原微生物药敏试验结果的基础上选用高敏药物，以免盲目用药；同时，还应依据畜禽的品种、日龄、生理特性及药物的毒副作用合理地选购。做到明确预防或治疗用药的目的，随买随用，确保药物的疗效并避免浪费。

3.1.3　关注生产信誉，购自合法单位

目前兽药厂很多，所生产的药品质量差距很大，信誉好的单位生产的药品质量比较稳定、可靠。农业部网站定期发布兽药质量监督抽检情况，可根据相关信息选择合格的生产企业。

购买兽药时，应选择具有兽药经营许可证和营业执照的专门从事兽药或药物添加剂经营的单位。按照《兽药管理条例》及其实施细则，兽药经营许可证的取得必须具备相应条件，如有兽医专业技术人员、符合要求的仓储设施、必要的检验设备等，而无证经营单位一般不能满足上述条件。兽药经营许可证上的"经营范围"有 2 类：一类是"兽药、药物添加剂"，另一类是"药物添加剂"。后者只可以经营药物添加剂，不可以经营兽药，否则属于非法经营。

3.1.4　查验包装，核实有效期

包装是药品外在质量的要求、内在质量的保护。兽药包装上必须标示农业部规定的内容，如内容不全或不规范，则不应购买。

兽药包装应当按照规定印有或者贴有标签，附具说明书，并在显著位置注明"兽用"字样。

兽药的标签或者说明书，应当以中文和拼音注明兽药的通用名称、成分及其含量、规格、生产企业、产品批准文号（进口兽药注册证号）、产品批号、生产日期、有效期、适应症或者功能主治、用法、用量、休药期、禁忌、不良反应、注意事项、运输储存保管条件及其他应当说明的内容。有商品名称的，还应当注明。外包装箱内应有药品性能与使用方法的说明书及产品质量的检验合格证。其中，应特别关注所购兽药的主要成

分、含量以及批准文号和有效期或失效期。若不标明主要成分，可能造成某种安全范围小的药物的重复使用，如喹乙醇、马杜霉素等，因其中毒量与治疗量相近而导致中毒；或者造成同时使用具有拮抗作用的两种药物而使得治疗无效。兽药实行批准文号管理，批准文号是兽药的身份证，其有效期 5 年。批准文号上标明该商品是兽药、药物添加剂还是饲料添加剂，该兽药是中药、西药、中西药复方制剂还是分装药品（分别用"Z、X、F、分"表示）。无批准文号的药品一律视同假兽药。多数兽药规定了有效期，购买和使用兽药时应根据生产日期核实其是否过了有效期，确保所购药物在有效期内。过期失效的兽药（可视为劣兽药）是不能用的。

兽用处方药的标签或者说明书除有上述规定的内容处，还应当印有国务院兽医行政管理部门规定的警示内容。其中，兽用麻醉药品、精神药品、毒性药品和放射性药品还应当印有国务院兽医行政管理部门规定的特殊标志；兽用处方药的标签或者说明书还应当印有国务院兽医行政管理部门规定的处方药标志。

3.1.5　了解假劣兽药的范围，外观鉴别

了解何为假劣兽药，具体参照第 1 章的 1.7 款和 1.8 款。熟悉掌握假劣兽药的范围，在此基础上，检查内包装上是否附有检验合格标志，包装箱内有无检验合格证。用瓶包装的应检查瓶盖是否密封，封口是否严密，有无松动现象，检查有无裂缝或药液释出。

（1）片剂

外观应完整光洁、色泽均匀，有适宜的硬度，无花斑、黑点，无破碎、发黏、变色，无异臭味；瓶装、袋装封口应严密。

（2）粉针剂

主要观察色泽是否正常，有无粘瓶、吸潮、变色、结块、变质、异物、裂瓶、铝盖松动、封口漏气等，溶解后的澄明度是否符合标准，发现上述情况不能使用。

（3）散剂

外观包装无破漏，应干燥疏松、颗粒均匀、色泽一致，无吸潮结块、霉变、发黏等现象。可溶性散剂，溶解应无沉淀及异物。

（4）水针剂

外观药液必须澄清，色泽正常，无浑浊、变色、结晶、生菌及发霉等现象。

（5）中药材

主要观察其有无吸潮霉变、虫蛀、鼠咬等，否则不宜继续使用。

3.2 兽药的溶解和稀释

在兽医临床上，有些药物在使用前需要溶解和稀释，选择合适的稀释方法是保证其疗效的前提条件。因此，必须按照使用说明书进行操作。特别强调有些药物不能用热水稀释，以免降低其疗效。

3.2.1 疫苗

防疫接种用的疫苗，不能用热水稀释。按防治传染病的要求，饮水免疫应该选用凉开水稀释疫苗。因为疫苗微生物喜冷怕热，热能破坏微生物活性，使疫苗失效。因此，不论滴眼、饮水均应使用凉开水。开水凉到以手的感觉合适为宜，最好选用温度比手温低的开水。

3.2.2 维生素类

特别是水溶性维生素 C、B 族维生素，高温会破坏其结构，影响效力。

3.2.3 益生素类

杆菌肽锌、EM 液和多酶宝在饲喂时不能用热水搅拌。因这类微生物是体内的有益微生物（如酵母菌、乳酸菌、双歧杆菌等），含有蛋白酶、蛋白分解酶、纤维素酶、淀粉酶，具有不耐高温、促进肠道蠕动和消化吸收营养的功能。用热水和蒸煮方法会杀灭这类有益菌，从而降低药物的效果。

3.2.4 中药类

有些中成药注明需加热蒸煮，而有些中成药不需加热，如神曲、麦芽、红糖和冰片等。这类药加热会影响药效，应特别注意。

3.2.5 抗生素类

如青霉素、庆大霉素等，用热水会破坏其结构，影响抗菌效果。

3.3 兽药的正确使用

3.3.1 对疫病要做出正确诊断，对症下药

正确和明确的诊断是正确选择用药的前提。不能在畜禽发病还没有确诊的情况下，仅凭想当然就随意、盲目地用药。当发生疾病时，必须仔细观察其症状，必要时还要进行剖检或采集病料送有关部门进行实验室诊断。只有在准确诊断的基础上有针对性地选择用药，才能获得应有的疗效。不同的疾病用药不同，同一种疾病也不能长期使用一种药物治疗，因为有的病菌会产生抗药性。临床上，根据病因和症状选择药物是减少浪费、降低成本的有效方法。一般来说，用药越早效果越好。特别是微生物感染性疾病，及早用药能迅速控制病情。但细菌性痢疾却不宜早止泻，因为这样会使病菌无法及时排除，使其在体内大量繁殖，反而会引起更为严重的腹泻。

3.3.2 控制用药剂量，保证有效剂量

在实际生产中，应该按照厂家指导的剂量或遵医嘱使用。剂量小达不到预防或治疗效果，而且容易导致耐药性菌株的产生；但剂量并不是越大效果越好，很多药物大剂量使用，不仅造成药物残留，而且会发生畜禽中毒。

3.3.3 注意药物溶解度和饮水量

饮水给药要考虑药物的溶解度和畜禽的饮水量，确保畜禽吃到足够剂量的药物。最好将饮水量多和饮水量少的动物分开饮水给药，饮水量少的动物应适当延长饮水时间。

3.3.4 搅拌均匀

拌入饲料服用的药物必须搅拌均匀，防止畜禽采食药物的剂量不一致。如药物搅拌不均匀，会造成吃得多的畜禽可能发生中毒，而吃得少的起不到治疗效果。同样，要将采食量多的动物与采食量少的动物分开饲喂，采食量少的动物应延长采食时间。

3.3.5 选择适宜给药途径

一般情况下，能用口服的药物最好随饮水、饲料给药而不采取肌肉注

射。不仅方便、省工，而且还可减少因大面积抓捕带来的一些应激反应。肌肉注射能解决问题的，一般不采取静脉注射。

3.3.6　合理控制用药疗程

药物连续使用时间，必须达到一个疗程以上。疗程不够，致使药物不能维持有效的浓度和作用时间，有的病原体只能暂时被抑制，并没有被杀灭。一旦停止用药，受到抑制的病原体会重新生长、繁殖，使疫病复发，最终造成治疗失败。因此，不可使用1～2次无疗效就停药，或急于调换药物品种。因为很多药物，需使用一个疗程后才显示出疗效。用药时，应按照使用说明书或遵医嘱，严格控制用药疗程。

3.3.7　严格执行休药期

药物在体内代谢消除均需要一定的时间，不同药物代谢消除时间不同。有些药物代谢较慢，用药后可能造成药物残留。因此，应了解所用药物是否有休药期。食品动物上市前，应严格执行农业部发布的休药期规定。尤其是对休药期长的药物、毒副作用大的药物等，更应严格控制剂量和停药时间，防止药物残留超标带来安全隐患。

3.3.8　科学合理配伍药物

使用时，应注意药物之间的配伍禁忌。科学配伍使用兽药，可起到增强疗效、降低成本、缩短疗效等积极作用。但如果药物配伍使用不当，将起相反作用，导致饲养成本加大、畜禽用药中毒、动物机体药物残留超标和畜禽疾病得不到及时有效治疗等副作用。例如，酸性药物与碱性药物不能混合使用；磺胺类药物与维生素 C 合用，会产生沉淀；磺胺嘧啶钠注射液与大多数抗生素配合都会产生浑浊、沉淀或变色现象，应单独使用；磺胺类药物如与新霉素、黄连素配伍使用可增强疗效，而与青霉素配伍则降低疗效。

3.4　残留毒理意义上比较重要药物的控制与使用

兽药（veterinary drug）种类繁多。随着集约化、规模化养殖业的大力发展，兽药作为农业投入品也被广泛使用，动物性食品中兽药原型及其代谢物的残留引起了人们的广泛关注。在残留毒理意义上比较重要的药物有抗菌药、抗寄生虫药、抗病毒药、抗生素类生长促进剂、激素类生长促进剂及其他药物。其中，生产中易滥用或误用的是抗菌药和抗寄生虫药。

3.4.1　抗菌药的合理使用

抗菌药是目前我国兽医临床使用最广泛和最重要的抗感染药物，对控制畜禽的感染性疾病和保证养殖业的持续发展起着重大的作用。但目前不合理使用，尤其是滥用抗菌药的现象较为严重。不仅增加生产成本、导致畜禽疫病更加难以防治，而且导致耐药性扩散和动物性食品的药物残留，给公共卫生和人的健康带来严重的不良后果。因此，合理使用抗菌药是有效控制兽药使用的关键。除了遵循本章 3.3 款科学规范使用兽药外，还应根据病原和抗菌药的特点，临床用药时注意掌握以下原则：

（1）根据抗菌谱和适应症选药

在病原菌确定的情况下，尽量选择窄谱抗生素。例如，革兰氏阳性菌感染可选择青霉素类、大环内酯类等；革兰氏阴性菌感染则应选择氨基糖苷类等。如病原不明、混合或并发感染，则可选用广谱抗菌药或合用抗菌药。应尽力避免对无指征或指征不强而使用抗菌药。例如，各种病毒性感染不宜用抗菌药；对真菌性感染也不宜选用一般的抗菌药。因为目前多数抗菌药对病毒和真菌无作用，但合并细菌性感染者除外。应根据致病菌及其引起的感染性疾病的确诊，选择作用强、疗效好、不良反应少的药物。

（2）根据药动学特性选药

防治消化道感染时，为使药物在消化道有较高的浓度，应选择不吸收或难吸收的抗菌药，如氨基糖苷类、氨苄西林等；在泌尿道感染时，应选择主要以原形从尿液排出的抗菌药，如青霉素类、链霉素、土霉素和氟苯尼考等；在呼吸道感染时，宜选择容易吸收或在肺组织有选择性分布的抗菌药，如达氟沙星、阿莫西林、替米考星、氟苯尼考等。

（3）准确的剂量和疗程

抗菌药在机体内要发挥杀灭或抑制病原菌的作用，必须在靶组织或器官内达到有效的浓度，并能维持一定的时间。因此，必须有合适的剂量、间隔时间及疗程。一般要求血药浓度大于 MIC，根据临床试验表明，血药浓度如大于 MIC 的 3～5 倍，可取得较好的治疗效果。研究发现，浓度依赖性的氟喹诺酮类 MIC 达 8～10 倍时疗效最佳。杀菌药以 2～3d 为一疗程，抑菌药尤其磺胺类一般疗程要有 3～5d 或更长一些。每天的用药次数和给药间隔时间，应按照使用说明或医嘱才能达到较好疗效和避免产生耐药性。切忌疾病稍有好转或体温下降就停用抗菌药，导致疾病复发或诱发产生耐药性。

(4) 避免耐药性的产生

随着抗菌药物的广泛应用，细菌耐药性问题也日益严重。临床防治工作中，在考虑如何充分发挥药物治疗作用的同时，也应考虑防止或减少细菌产生耐药性的问题，控制耐药菌株的传播。一是严格掌握适应症，不滥用抗菌药。凡属不是必须要用的尽量不用，单一抗菌药物有效的不采用联合用药。二是严格掌握用药指征，剂量充足，疗程适当。三是尽可能避免局部用药。杜绝不必要的预防用药。四是病因不明者，不要轻易使用抗菌药。五是对于耐药菌株感染，应选用对细菌敏感的药物或采用联合用药。联合用药时，一般使用 2 种药物即可，没有必要合用 3 种以上抗菌药物，不仅不能增加治疗作用，还可能使毒性增加；六是有计划地分批、分期交替使用抗菌药。

3.4.1.1 抗生素

(1) β-内酰胺类

兽医临床常用的主要包括青霉素类和头孢菌素类。

青霉素类分为天然青霉素（青霉素）和半合成青霉素（如耐青霉素酶的苯唑西林和氯唑西林；广谱的氨苄西林、阿莫西林、海他西林和羧苄西林）。青霉素类杀菌作用的速率比氨基糖苷类和氟喹酮类慢，并呈时间依赖性。因此，只有频繁给药以使血中药物浓度高于其对病原体的 MIC，才能获得最佳的杀菌效果。

青霉素：一是青霉素与氨基糖苷类合用，可提高后者在菌体内的浓度，呈现协同作用。二是大环内酯类、四环素类和酰胺醇类等快速抑菌剂对青霉素的杀菌活性有干扰作用，不宜合用。三是重金属离子（尤其是铜、锌、汞）、醇类、酸、碘、氧化剂、还原剂和羟基化合物、呈酸性的葡萄糖注射液或盐酸四环素注射液等可破坏青霉素的活性，属配伍禁忌。四是青霉素钠水溶液与一些药物溶液（盐酸林可霉素、酒石酸去甲肾上腺素、盐酸土霉素、盐酸四环素、B 族维生素及维生素 C）不宜混合，否则可产生浑浊、絮状物或沉淀。

氨苄西林、海他西林、阿莫西林：一是与氨基糖苷类合用，可提高后者在菌体内的浓度，呈现协同作用。二是大环内酯类、四环素类和酰胺醇类等快速抑菌剂对青霉素的杀菌活性有干扰作用，不宜合用。

苯唑西林、氯唑西林：与氨苄西林或庆大霉素合用，可增强对肠球菌的抗菌活性。其他用法参见青霉素。

头孢菌素类：头孢噻呋和头孢喹肟为动物专用。本类抗生素的特点是抗菌谱广，杀菌力强，对多数耐青霉素的细菌仍然敏感，但与青霉素之间存在部分交叉耐药现象。头孢菌素与青霉素类、氨基糖苷类合用有协同作用。

（2）氨基糖苷类抗生素

氨基糖苷类抗生素对静止期细菌的杀灭作用较强，是静止期杀菌剂。兽用常用品种包括链霉素、庆大霉素、卡那霉素、新霉素、大观霉素和安普霉素等。不同品种之间存在着不完全的交叉耐药性。

氨基糖苷类具有较强的毒副作用，即具有肾毒性、耳毒性和神经肌肉阻滞。使用时，应注意以下事项：一是本类药物只适用于敏感细菌性疾病应用，无抗病毒、抗寄生虫作用，不应用于病毒性疾病和寄生虫病的治疗。二是家禽慎用。家禽无膀胱，肾小球结构简单，有效滤过压较低，滤过面积小，对经肾脏排泄的药物特别是肾毒药物很敏感，容易造成伤害，故各种家禽均应慎用或不用本类药物。三是按正确用量及疗程用药。不随意加大剂量和增加疗程。本类药物不可 2 种或多种合用。四是选择用药途径。新霉素注射应用毒性较大，口服用因其吸收少，耳毒、肾毒均小，故应选择口服用药。五是孕畜忌用。因为链霉素可透过胎盘屏障进入胎儿循环，浓度为母血的一半，可导致幼畜患先天性耳聋或肾毒性。六是由于氨基糖苷类主要从尿中排除，为避免药物积聚、损害肾小管，应给患畜足量饮水。肾脏损害常使血药浓度增高，易诱发耳毒性症状。

链霉素：一是与青霉素类或头孢菌素类合用有协同作用。二是本类药物在碱性环境中抗菌作用增强，与碱性药物（如碳酸氢钠、氨茶碱等）合用可增强抗菌效力，但毒性也相应增强。当 pH 超过 8.4 时，抗菌作用反而减弱。三是 Ca^{2+}、Mg^{2+}、Na^+、NH_4^+、K^+ 等阳离子可抑制本类药物的抗菌活性。四是与头孢菌素、右旋糖酐、强效利尿药（如呋塞米等）、红霉素等合用，可增强本类药物的耳毒性。五是骨骼肌松弛药（如氯化琥珀胆碱等）或具有此种作用的药物，可加强本类药物的神经肌肉阻滞作用。

庆大霉素：一是与 β-内酰胺类抗生素合用，通常对多种革兰氏阴性菌，包括铜绿假单胞菌等有协同作用。对革兰氏阳性菌如李斯特菌等也有协同作用。二是与甲氧苄啶—磺胺合用，对大肠杆菌及肺炎克雷伯菌也有协同作用。三是与四环素、红霉素等合用可能出现拮抗作用。四是与头孢菌素类合用，可能使肾毒性增强。其他用法参见链霉素。

新霉素：一是与大环内酯类抗生素合用，可治疗革兰氏阳性菌所致的乳腺炎。二是新霉素内服，可影响洋地黄类药物、维生素 A 或维生素 B_{12}

的吸收。其他用法参见链霉素。

大观霉素：与林可霉素合用，可显著增加对支原体的抗菌活性，并扩大抗菌谱。其他用法参见链霉素。

卡那霉素、安普霉素的用法参见链霉素。

(3) 四环素类

兽医临床上常用的有四环素、土霉素、金霉素和多西环素（半合成品）等。本类药物的抗菌活性强弱依次为多西环素＞金霉素＞四环素＞土霉素。天然的四环素类药物之间存在交叉耐药性，但与半合成的四环素类药物之间交叉耐药性不明显。

土霉素：一是与泰乐菌素等大环内酯类合用呈协同作用；与黏菌素合用，由于增强细菌对本类药物的吸收而呈协同作用。二是与钙、镁、铝等抗酸药、含铁的药物或牛奶等食物同服，可因形成复合物而减少其吸收，造成血药浓度降低。三是与碳酸氢钠同服，可使胃液 pH 升高，土霉素溶解度降低，吸收率下降，肾小管重吸收减少，排泄加快。四是与利尿药合用，可使血尿素氮升高。

四环素和金霉素用法参见土霉素。

多西环素与链霉素合用，治疗布鲁氏菌病有协同作用。

(4) 大环内酯类

动物专用品种有泰乐菌素、替米考星和泰拉霉素等。大环内酯类和林可胺类抗生素的作用部位相同。因此，耐药菌对上述抗生素常同时耐药。

红霉素：一是与其他大环内酯类、林可胺类和氯霉素因作用靶点相同，不宜同时服用。二是与 β-内酰胺类合用，表现为拮抗作用。三是与青霉素合用，对马红球菌有协同抑制作用。四是红霉素有抑制细胞色素氧化酶系统的作用，与某些药物合用时可能抑制其代谢。

泰乐菌素、吉他霉素用法参见红霉素。

替米考星：与肾上腺素合用，可增加猪的死亡。其他用法参见红霉素。

泰拉霉素：不能与其他大环内酯类抗生素或林可霉素同时使用。

(5) 酰胺醇类

兽医临床上常用的是甲砜霉素和氟苯尼考，后者为动物专用抗生素。甲砜霉素和氟苯尼考之间存在完全交叉耐药。

甲砜霉素：一是大环内酯类和林可胺类与本品的作用靶点相同，均是与细菌核糖体 50S 亚基结合，合用时可产生拮抗作用。二是与 β-内酰胺类合用时，由于本品的快速抑菌作用，可产生拮抗作用。三是对肝微粒体药物代谢酶有抑制作用，可影响其他药物的代谢，提高血药浓度，增强药效或毒性，如可显著延长戊巴比妥钠的麻醉时间。四是有较强的免疫抑制作用，长期内服可引起消化机能紊乱，出现维生素缺乏或二重感染症状。五是有胚胎毒性，妊娠期及哺乳期家畜慎用。六是肾功能不全患畜要减量或延长给药间隔时间，疫苗接种期或免疫功能严重缺损的动物禁用。

氟苯尼考：参见甲砜霉素。

（6）林可胺类

本类抗生素对革兰氏阳性菌和支原体有较强抗菌活性，对厌氧菌也有一定作用，但对大多数需氧革兰氏阴性菌不敏感。兽医临床上常用的是林可霉素。

林可霉素：一是与大观霉素合用有协同作用。与庆大霉素等合用时，对葡萄球菌、链球菌等革兰氏阳性菌有协同作用。二是与氨基糖苷类和多肽类抗生素合用，可能增强对神经—肌肉接头的阻滞作用；与红霉素合用，有拮抗作用。三是可使肠内毒素延迟排出，导致腹泻加剧和时间延长，故不宜与抑制肠道蠕动的止泻药合用。尤其不宜与含白陶土的止泻药同时内服，因为白陶土可使林可霉素的吸收减少90％以上。四是与卡那霉素、新生霉素混合，可产生配伍禁忌。五是哺乳期母畜用药后，因药物能进入乳汁，可能会引起哺乳仔畜腹泻，应慎用。六是因可能出现严重的胃肠道反应，故林可霉素禁用于兔、马和反刍动物。

（7）多肽类

多肽类抗生素是一类具有多肽结构的化学物质。在兽医临床及动物生产中，常用的药物包括杆菌肽、黏菌素、维吉尼霉素、恩拉霉素和那西肽等。

黏菌素：一是与杆菌肽锌1∶5配合有协同作用。二是与肌松药和氨基糖苷类等神经肌肉阻滞剂合用，可引起肌无力和呼吸暂停。三是与螯合剂（EDTA）和阳离子清洁剂对铜绿假单胞菌有协同作用，常联合用于局部感染的治疗。四是与能损伤肾功能的药物合用，可增强其肾毒性。

杆菌肽：一是与青霉素、链霉素、新霉素和黏菌素等合用有协同作用。二是与黏菌素组成的复方制剂，和土霉素、金霉素、吉他霉素、恩拉霉素、维吉尼霉素和喹乙醇等有拮抗作用。

恩拉霉素：与四环素、吉他霉素、杆菌肽和维吉尼霉素等合用，可产生拮抗作用。

维吉尼霉素：与杆菌肽、恩拉霉素有拮抗作用。

（8）其他抗生素

包括泰妙菌素、沃尼妙林和赛地卡霉素。常用的是泰妙菌素。

泰妙菌素：一是禁止与莫能菌素、盐霉素、甲基盐霉素等聚醚类抗生素合用。因其可影响上述聚醚类抗生素的代谢，使鸡生长缓慢、运动失调、麻痹瘫痪，甚至死亡。二是与能结合细菌核糖体 50S 亚基的抗生素（如大环内酯类和林可霉素）合用，因竞争相同作用位点，有可能导致药效降低。三是用于马，可导致肠道菌群紊乱而有引起结肠炎的危险。

3.4.1.2　合成抗菌药

（1）磺胺类

磺胺类药物具有抗菌谱广、可内服、吸收较快、性质稳定、使用方便等优点，但同时也有抗菌作用较弱、不良反应较多、细菌易产生耐药性、用量大和疗程偏长等缺陷。临床上常用的磺胺类药物，根据其吸收情况和应用部位可分为肠道易吸收、肠道难吸收以及外用 3 类：肠道易吸收的磺胺药，包括磺胺噻唑、磺胺嘧啶、磺胺喹噁啉、磺胺二甲嘧啶、磺胺异噁唑、磺胺甲噁唑、磺胺间甲氧嘧啶、磺胺对甲氧嘧啶等；肠道难吸收的磺胺药包括磺胺脒、琥磺噻唑、酞磺噻唑等；外用磺胺药包括磺胺醋酰钠、磺胺嘧啶银等。

磺胺类药物的不良反应主要表现为急性毒性和慢性毒性 2 类。为提高磺胺类药物的临床应用效果，减少不良反应的发生，使用本类药物时应注意如下事项：一是首次剂量加倍，并要有足够的剂量和疗程（一般应连用 3～5d）。急性或严重感染时，为使血中药物迅速达到有效浓度，宜选用本类药物的钠盐注射。由于其碱性强，宜深层肌肉注射或缓慢静脉注射。二是磺胺类药物在体内的代谢产物乙酰磺胺的溶解度低，易在尿道中析出结晶。故用药期间应给动物充分饮水，以增加尿量，促进排出。肾功能受损时，磺胺药排泄缓慢，应慎用。幼畜、杂食或肉食动物使用磺胺药时，应同时给予等量的碳酸氢钠以碱化尿液，提高磺胺药或其代谢物的溶解度，利于排出体外。三是磺胺药可引起肠道菌群失调，维生素 B 和维生素 K 的合成和吸收减少。长期服用，宜补充相应的维生素。四是磺胺类药与抗菌增效剂合用，可使作用显著增强，甚至从抑菌剂变为杀菌剂。

（2）喹诺酮类

兽用喹诺酮类药物按问世先后及抗菌性能分为三代：第一代的抗菌活性弱，抗菌谱窄，仅对革兰氏阴性菌（如大肠杆菌、沙门氏菌、变形杆菌等）有效，内服吸收差，易产生耐药性，毒副作用较大，代表性品种为萘啶酸、噁喹酸；第二代的抗菌谱扩大，对大部分革兰氏阴性菌包括铜绿假单胞菌和部分革兰氏阳性菌具有较强抗菌活性，对支原体也有一定作用，代表性品种为吡哌酸、氟甲喹；第三代通常称为氟喹诺酮类药物，抗菌谱进一步扩大，抗菌活性也进一步提高，对革兰氏阴性杆菌和包括葡萄球菌、链球菌等均具有较强抗菌活性，对支原体、胸膜肺炎放线杆菌也有良好作用，吸收程度明显改善，提高了全身的抗菌效果。我国兽医临床使用的氟喹诺酮类药物动物专用品种有恩诺沙星、沙拉沙星、达氟沙星和二氟沙星。

由于本类药物的作用机理不同于其他抗菌药，因而与大多数抗菌药之间无交叉耐药现象。但目前本类药物使用广泛，我国耐药问题十分突出，尤其是大肠杆菌、沙门氏菌和金黄色葡萄球菌。美国食品及药品管理局（FDA）已撤销了恩诺沙星在禽的应用。

恩诺沙星：一是与氨基糖苷类或广谱青霉素类合用，有协同作用。二是 Ca^{2+}、Mg^{2+}、Fe^{3+}、Ab^{3+} 等重金属离子可与本品发生螯合，影响其吸收。

沙拉沙星、达氟沙星和二氟沙星：参见恩诺沙星。

（3）其他合成抗菌药

合成抗菌药除了磺胺类、喹诺酮类以外，目前兽医应用的品种不多，主要有喹噁啉类的乙酰甲喹、喹乙醇以及有机砷类的洛克沙胂和氨苯胂酸。这些药物大部分是抗菌促生长剂，在畜牧业中应用广泛。但如果不合理使用则可造成兽药在动物性食品中残留，危害人类健康；同时，有机砷制剂还可造成生态环境的污染。因此，要十分注意这类药物的合理使用。

3.4.2　抗寄生虫药

抗寄生虫药是指能杀灭寄生虫或抑制其生长繁殖的物质。可分为抗蠕虫药、抗原虫药和杀虫药。

应用抗寄生虫药时，应注意以下问题：一是正确认识和处理好药物、寄生虫和宿主三者之间的关系，合理使用抗寄生虫药。三者之间的关系是互相影响、互相制约的，因而在选用时不仅应了解药物对虫体的作用以及宿主体内的代谢过程和对宿主的毒性，而且应了解寄生虫的寄生方式、生活史、流行病学和季节动态感染强度及范围。为更好地发挥药物的作用，还应熟悉药物的理化性质、剂型、剂量、疗程和给药方法等。二是为了控制好药物的剂量和疗程，在使用抗寄生虫药进行大规模驱虫前，应选少数动物先做驱虫试验，以免发生大批中毒事故。三是在防治寄生虫病时，

应定期更换不同类型的抗寄生虫药物，以避免或减少因长期或反复使用某些抗寄生虫药而导致虫体产生耐药性。四是为避免动物性食品中药物残留危害消费者的健康和造成公害，应遵守有关药物在动物组织中的最高残留限量和休药期的规定。

ICS 11.220
B 42

NY

中华人民共和国农业行业标准

NY/T 472—2013
代替 NY/T 472—2006

绿色食品 兽药使用准则

Green food—Veterinary drug application guideline

2013-12-13 发布

2014-04-01 实施

中华人民共和国农业部 发布

前　言

本标准按照 GB/T 1.1—2009 给出的规则起草。

本标准代替 NY/T 472—2006《绿色食品　兽药使用准则》，与 NY/T 472—2006 相比，除编辑性修改外主要技术变化如下：

——删除了最高残留限量的定义，补充了泌乳期、执业兽医等术语和定义；

——修改完善了可使用的兽药种类，补充了 2006 年以来农业部发布的相关禁用药物；

——补充产蛋期和泌乳期不应使用的兽药，增强了标准的可操作性、实用性。

本标准由农业部农产品质量安全监管局提出。

本标准由中国绿色食品发展中心归口。

本标准起草单位：农业部动物及动物产品卫生质量监督检验测试中心、中国兽医药品监察所、中国农业大学、中国绿色食品发展中心。

本标准主要起草人：赵思俊、曲志娜、江海洋、徐士新、王娟、陈倩、汪霞、曹旭敏、洪军、王君玮、王玉东、张侨、郑增忍。

本标准的历次版本发布情况为：

——NY/T 472—2001、NY/T 472—2006。

引　言

　　绿色食品是指产自优良生态环境、按照绿色食品标准生产、实行全程质量控制并获得绿色食品标志使用权的安全、优质食用农产品及相关产品。鉴于食品安全和生态环境两方面影响因素，在动物性绿色食品生产中应制定兽药使用的规范和要求。

　　NY/T 472标准根据《兽药管理条例》、《中华人民共和国兽药典》、《兽药质量标准》、《进口兽药质量标准》等国家法规和标准，结合绿色食品"安全、优质"的特性和要求，对动物性绿色食品生产中兽药使用的基本原则、使用原则和使用的品种、方法等进行了严格规定，为规范绿色食品兽药使用，提高动物性绿色食品安全水平发挥了重要作用。但随着国家和公众对食品安全要求的提高以及畜禽养殖技术水平、规模和使用兽药的种类、使用方法等都发生了较大的变化，急需对原标准进行修订完善。

　　本次修订在遵循现有国家法律法规和食品安全国家标准的基础上，突出强调绿色食品生产中要加强饲养管理，采取各种措施以减少应激，增强动物自身的抗病力，尽量不用或少用兽药；同时在国家批准使用兽药种类基础上进行筛选和限定，结合绿色食品养殖企业生产情况，在既保证不影响畜禽疾病防治，又能提升动物性绿色食品质量安全的前提下，确定了生产绿色食品可使用和不应使用的兽药种类。修订后的NY/T 472对绿色食品畜禽产品生产和管理更有指导意义。

绿色食品　兽药使用准则

1　范围

本标准规定了绿色食品生产中兽药使用的术语和定义、基本原则、生产 AA 级和 A 级绿色食品的兽药使用原则。

本标准适用于绿色食品畜禽及其产品的生产与管理。

2　规范性引用文件

下列文件对于本文件的应用是必不可少的。凡是注日期的引用文件，仅注日期的版本适用于本文件。凡是不注日期的引用文件，其最新版本（包括所有的修改单）适用于本文件。

GB/T 19630.1　有机产品　第 1 部分：生产

NY/T 391　绿色食品　产地环境质量

兽药管理条例

畜禽标识和养殖档案管理办法

中华人民共和国动物防疫法

中华人民共和国农业部　中华人民共和国兽药典

中华人民共和国农业部　兽药质量标准

中华人民共和国农业部　兽用生物制品质量标准

中华人民共和国农业部　进口兽药质量标准

中华人民共和国农业部公告　第 235 号　动物性食品中兽药最高残留限量

中华人民共和国农业部公告　第 278 号　兽药停药期规定

3　术语和定义

下列术语和定义适用于本文件。

3.1

AA 级绿色食品　AA grade green food

产地环境质量符合 NY/T 391 的要求，遵照绿色食品生产标准生产，生产过程中遵循自然规律和生态学原理，协调种植业和养殖业的平衡，不使用化学合成的肥料、农药、兽药、渔药、添加剂等物质，产品质量符合绿色食品产品标准，经专门机构许可使用绿色食品标志的产品。

3.2

A 级绿色食品　A grade green food

产地环境质量符合 NY/T 391 的要求，遵照绿色食品生产标准生产，生产过程中遵循自然规律和生态学原理，协调种植业和养殖业的平衡，限量使用限定的化学合成生产资料，产品质量符合绿色食品产品标准，经专门机构许可使用绿色食品标志的产品。

3.3

兽药　veterinary drug

用于预防、治疗、诊断动物疾病，或者有目的地调节动物生理机能的物质。包括化学药品、抗生素、中药材、中成药、生化药品、血清制品、疫苗、诊断制品、微生态制剂、放射性药品、外用杀虫剂和消毒剂等。

3.4

微生态制剂　probiotics

运用微生态学原理，利用对宿主有益的微生物及其代谢产物，经特殊工艺将一种或多种微生物制成的制剂。包括植物乳杆菌、枯草芽孢杆菌、乳酸菌、双歧杆菌、肠球菌和酵母菌等。

3.5

消毒剂　disinfectant

用于杀灭传播媒介上病原微生物的制剂。

3.6

产蛋期　egg producing period

禽从产第一枚蛋至产蛋周期结束的持续时间。

3.7

泌乳期　duration of lactation

乳畜每一胎次开始泌乳到停止泌乳的持续时间。

3.8

休药期　withdrawal time; withholding time

停药期

从畜禽停止用药到允许屠宰或其产品（乳、蛋）许可上市的间隔时间。

3.9

执业兽医　licensed veterinarian

具备兽医相关技能，取得国家执业兽医统一考试或授权具有兽医执业资格，依法从事动物诊疗和动物保健等经营活动的人员。包括执业兽医师、执业助理兽医师和乡村兽医。

4　基本原则

4.1　生产者应供给动物充足的营养，应按照 NY/T 391 提供良好的饲养环境，加强饲养管理，采取各种措施以减少应激，增强动物自身的抗病力。

4.2　应按《中华人民共和国动物防疫法》的规定进行动物疾病的防治，在养殖过程中尽量不用或少用药物；确需使用兽药时，应在执业兽医指导下进行。

4.3　所用兽药应来自取得生产许可证和产品批准文号的生产企业，或者取得进口兽药登记许可证的供应商。

4.4　兽药的质量应符合《中华人民共和国兽药典》、《兽药质量标准》、《兽用生物制品质量标准》、《进口兽药质量标准》的规定。

4.5　兽药的使用应符合《兽药管理条例》和《兽药停药期规定》等有关规定，建立用药记录。

5　生产 AA 级绿色食品的兽药使用原则

按 GB/T 19630.1 的规定执行。

6　生产 A 级绿色食品的兽药使用原则

6.1　可使用的兽药种类

6.1.1　优先使用第 5 章中生产 AA 级绿色食品所规定的兽药。

6.1.2　优先使用《动物性食品中兽药最高残留限量》中无最高残留限量（MRLs）要求或《兽药停药期规定》中无休药期要求的兽药。

6.1.3　可使用国务院兽医行政管理部门批准的微生态制剂、中药制剂和生物制品。

6.1.4　可使用高效、低毒和对环境污染低的消毒剂。

6.1.5　可使用附录 A 以外且国家许可的抗菌药、抗寄生虫药及其他兽药。

6.2　不应使用药物种类

6.2.1　不应使用附录 A 中的药物以及国家规定的其他禁止在畜禽养殖过程中使用的药物；产蛋期和泌乳期还不应使用附录 B 中的兽药。

6.2.2　不应使用药物饲料添加剂。

6.2.3　不应使用酚类消毒剂，产蛋期不应使用酚类和醛类消毒剂。

6.2.4　不应为了促进畜禽生长而使用抗菌药物、抗寄生虫药、激素或其他生长促进剂。

6.2.5　不应使用基因工程方法生产的兽药。

6.3　兽药使用记录

6.3.1　应符合《畜禽标识和养殖档案管理办法》规定的记录要求。

6.3.2　应建立兽药入库、出库记录，记录内容包括药物的商品名称、通用名称、主要成分、生产单位、批号、有效期、贮存条件等。

6.3.3　应建立兽药使用记录，包括消毒记录、动物免疫记录和患病动物诊疗记录等。其中，消毒记录内容包括消毒剂名称、剂量、消毒方式、消毒时间等；动物免疫记录内容包括疫苗名称、剂量、使用方法、使用时间等；患病动物诊疗记录内容包括发病时间、症状、诊断结论以及所用的药物名称、剂量、使用方法、使用时间等。

6.3.4　所有记录资料应在畜禽及其产品上市后保存 2 年以上。

附 录 A

（规范性附录）
生产 A 级绿色食品不应使用的药物

生产 A 级绿色食品不应使用表 A.1 所列的药物。

表 A.1 生产 A 级绿色食品不应使用的药物目录

序号	种 类		药物名称	用 途
1	β-受体激动剂类		克仑特罗（clenbuterol）、沙丁胺醇（salbutamol）、莱克多巴胺（ractopamine）、西马特罗（cimaterol）、特布他林（terbutaline）、多巴胺（dopamine）、班布特罗（bambuterol）、齐帕特罗（zilpaterol）、氯丙那林（clorprenaline）、马布特罗（mabuterol）、西布特罗（cimbuterol）、溴布特罗（brombuterol）、阿福特罗（arformoterol）、福莫特罗（formoterol）、苯乙醇胺 A（phenylethanolamine A）及其盐、酯及制剂	所有用途
2	激素类	性激素类	己烯雌酚（diethylstilbestrol）、己烷雌酚（hexestrol）及其盐、酯及制剂	所有用途
			甲基睾丸酮（methyltestosterone）、丙酸睾酮（testosterone propionate）、苯丙酸诺龙（nandrolone phenylpropionate）、雌二醇（estradiol）、戊酸雌二醇（estradiol valcrate）、苯甲酸雌二醇（estradiol benzoate）及其盐、酯及制剂	促生长
		具雌激素样作用的物质	玉米赤霉醇类药物（zeranol）、去甲雄三烯醇酮（trenbolone）、醋酸甲孕酮（mengestrol acetate）及制剂	所有用途
3	催眠、镇静类		安眠酮（methaqualone）及制剂	所有用途
			氯丙嗪（chlorpromazine）、地西泮（安定，diazepam）及其盐、酯及制剂	促生长
4	抗菌药类	氨苯砜	氨苯砜（dapsone）及制剂	所有用途
		酰胺醇类	氯霉素（chloramphenicol）及其盐、酯［包括琥珀氯霉素（chloramphenicol succinate）］及制剂	所有用途
		硝基呋喃类	呋喃唑酮（furazolidone）、呋喃西林（furacillin）、呋喃妥因（nitrofurantoin）、呋喃它酮（furaltadone）、呋喃苯烯酸钠（nifurstyrenate sodium）及制剂	所有用途
		硝基化合物	硝基酚钠（sodium nitrophenolate）、硝呋烯腙（nitrovin）及制剂	所有用途

（续）

序号	种 类		药物名称	用 途
4	抗菌药类	磺胺类及其增效剂	磺胺噻唑（sulfathiazole）、磺胺嘧啶（sulfadiazine）、磺胺二甲嘧啶（sulfadimidine）、磺胺甲噁唑（sulfamethoxazole）、磺胺对甲氧嘧啶（sulfamethoxydiazine）、磺胺间甲氧嘧啶（sulfamonomethoxine）、磺胺地索辛（sulfadimethoxine）、磺胺喹噁啉（sulfaquinoxaline）、三甲氧苄氨嘧啶（trimethoprim）及其盐和制剂	所有用途
		喹诺酮类	诺氟沙星（norfloxacin）、氧氟沙星（ofloxacin）、培氟沙星（pefloxacin）、洛美沙星（lomefloxacin）及其盐和制剂	所有用途
		喹噁啉类	卡巴氧（carbadox）、喹乙醇（olaquindox）、喹烯酮（quinocetone）、乙酰甲喹（mequindox）及其盐、酯及制剂	所有用途
		抗生素滤渣	抗生素滤渣	所有用途
5	抗寄生虫类	苯并咪唑类	噻苯咪唑（thiabendazole）、阿苯咪唑（albendazole）、甲苯咪唑（mebendazole）、硫苯咪唑（fenbendazole）、磺苯咪唑（oxfendazole）、丁苯咪唑（parbendazole）、丙氧苯咪唑（oxibendazole）、丙噻苯咪唑（CBZ）及制剂	所有用途
		抗球虫类	二氯二甲吡啶酚（clopidol）、氨丙啉（amprolini）、氯苯胍（robenidine）及其盐和制剂	所有用途
		硝基咪唑类	甲硝唑（metronidazole）、地美硝唑（dimetronidazole）、替硝唑（tinidazole）及其盐、酯及制剂等	促生长
		氨基甲酸酯类	甲萘威（carbaryl）、呋喃丹（克百威，carbofuran）及制剂	杀虫剂
		有机氯杀虫剂	六六六（BHC）、滴滴涕（DDT）、林丹（丙体六六六，lindane）、毒杀芬（氯化烯，camahechlor）及制剂	杀虫剂
		有机磷杀虫剂	敌百虫（trichlorfon）、敌敌畏（dichlorvos）、皮蝇磷（fenchlorphos）、氧硫磷（oxinothiophos）、二嗪农（diazinon）、倍硫磷（fenthion）、毒死蜱（chlorpyrifos）、蝇毒磷（coumaphos）、马拉硫磷（malathion）及制剂	杀虫剂
		其他杀虫剂	杀虫脒（克死螨，chlordimeform）、双甲脒（amitraz）、酒石酸锑钾（antimony potassium tartrate）、锥虫胂胺（tryparsamide）、孔雀石绿（malachite green）、五氯酚酸钠（pentachlorophenol sodium）、氯化亚汞（甘汞，calomel）、硝酸亚汞（mercurous nitrate）、醋酸汞（mercurous acetate）、吡啶基醋酸汞（pyridyl mercurous acetate）	杀虫剂
6	抗病毒类药物		金刚烷胺（amantadine）、金刚乙胺（rimantadine）、阿昔洛韦（aciclovir）、吗啉（双）胍（病毒灵）（moroxydine）、利巴韦林（ribavirin）等及其盐、酯及单、复方制剂	抗病毒
7	有机胂制剂		洛克沙胂（roxarsone）、氨苯胂酸（阿散酸，arsanilic acid）	所有用途

附　录　B

（规范性附录）

产蛋期和泌乳期不应使用的兽药

产蛋期和泌乳期不应使用表 B.1 所列的兽药。

表 B.1　产蛋期和泌乳期不应使用的兽药目录

生长阶段	种　类		兽药名称
产蛋期	抗菌药类	四环素类	四环素（tetracycline）、多西环素（doxycycline）
		青霉素类	阿莫西林（amoxycillin）、氨苄西林（ampicillin）
		氨基糖苷类	新霉素（neomycin）、安普霉素（apramycin）、越霉素 A（destomycin A）、大观霉素（spectinomycin）
		磺胺类	磺胺氯哒嗪（sulfachlorpyridazine）、磺胺氯吡嗪钠（sulfa-chlorpyridazine sodium）
		酰胺醇类	氟苯尼考（florfenicol）
		林可胺类	林可霉素（lincomycin）
		大环内酯类	红霉素（erythromycin）、泰乐菌素（tylosin）、吉他霉素（kitasamycin）、替米考星（tilmicosin）、泰万菌素（tylvalosin）
		喹诺酮类	达氟沙星（danofloxacin）、恩诺沙星（enrofloxacin）、沙拉沙星（sarafloxacin）、环丙沙星（ciprofloxacin）、二氟沙星（difloxacin）、氟甲喹（flumequine）
		多肽类	那西肽（nosiheptide）、黏霉素（colimycin）、恩拉霉素（enramycin）、维吉尼霉素（virginiamycin）
		聚醚类	海南霉素钠（hainan fosfomycin sodium）
	抗寄生虫类		二硝托胺（dinitolmide）、马杜霉素（madubamycin）、地克珠利（diclazuril）、氯羟吡啶（clopidol）、氯苯胍（robenidine）、盐霉素钠（salinomycin sodium）
泌乳期	抗菌药类	四环素类	四环素（tetracycline）、多西环素（doxycycline）
		青霉素类	苄星邻氯青霉素（benzathine cloxacillin）
		大环内酯类	替米考星（tilmicosin）、泰拉霉素（tulathromycin）
	抗寄生虫类		双甲脒（amitraz）、伊维菌素（ivermectin）、阿维菌素（avermectin）、左旋咪唑（levamisole）、奥芬达唑（oxfendazole）、碘醚柳胺（rafoxanide）

主要参考文献

陈杖榴，2009. 兽医药理学 ［M］. 第二版. 北京：中国农业出版社.

中国兽药典委员会，2000. 中华人民共和国兽药典 ［M］.2000 年版. 北京：化学工业出版社.

中国兽药典委员会，2011. 中华人民共和国兽药典 兽药使用指南 ［M］.2010 年版. 北京：中国农业出版社.

周建强，潘琦，贺生中，等，2005. 畜禽常用药物手册 ［M］. 合肥：安徽科学技术出版社.

刘高生，吕子涛，2008. 养牛用药 500 问 ［M］. 北京：中国农业出版社.